此心安处是吾乡

曾仕强 著

图书在版编目（CIP）数据

此心安处是吾乡 / 曾仕强著. -- 北京：华龄出版社，2023.7
ISBN 978-7-5169-2579-9

Ⅰ.①此… Ⅱ.①曾… Ⅲ.①人生哲学-通俗读物 Ⅳ.①B821-49

中国国家版本馆CIP数据核字（2023）第126958号

策划编辑	周宇燕	责任印制	李未圻
责任编辑	梅　剑	装帧设计	冯伟佳

书　　名	此心安处是吾乡	作　者	曾仕强
出　　版 发　　行	华龄出版社 HUALING PRESS		
社　　址	北京市东城区安定门外大街甲57号	邮　编	100011
发　　行	（010）58122255	传　真	（010）84049572
承　　印	唐山玺鸣印务有限公司		
版　　次	2023年7月第1版	印　次	2023年7月第1次印刷
规　　格	710mm×1000mm	开　本	1/16
印　　张	13.75	字　数	190千字
书　　号	ISBN 978-7-5169-2579-9		
定　　价	69.80元		

版权所有　侵权必究

本书如有破损、缺页、装订错误，请与本社联系调换

序

小小心意

  人生在世，免不了要求生存，称为求生；然而，若是一辈子都在求生，未免太辛苦，也太没有价值，于是保生的欲念普受重视。求生、保生，还需要乐生，才能实现"哭着来，笑着回去"的愿望。

  儒家教我们求生，道家使我们得以保生，而禅宗的真正功能，则在乐生。儒、道、释三家融合而成的中华文化，则是源自《易经》。倘若能够固本培元，从《易经》的观点来了解、体验儒道释三家的要旨，应该可以圆融无碍，达到一以贯之的理想。

  中华民族敬天信神，与西方人大不相同。西方人敬上帝，目的在通过最后审判，能够进入天堂。我们祭祀天神，则是出于敬爱，目的在报效恩德。"求福避祸"是后人因为世事多变，感觉自己力量薄弱，才产生出来的一种偏差心态。人的可贵，在于具有自主性和创造力，倘若凡事但求趋吉避凶，如此一来，和投机取巧又有什么不同？我们随机应变，目的在求得好死。慎始善终，必须自力更生，天神只能佑助，无法代劳。

  孔子倡导"尽人事以听天命"，便是鼓励大家发挥自主性和创造力，提醒我们："未能事人，焉能事鬼？"用意在于先以民意为准，再来审视是否合乎神意。知所先后，把顺序理好，才是正道。

  老子重视贵身，人身难得，要好好养生保健，不要为了功名利禄而牺牲自己宝贵的身体。儒道合一，才能够真正做到尽人事（儒）以听天命（道）。

人之初生，其性本善；人之将死，其言也善。由此可见，人的初始与终了，都是善的，为什么中间这一段，却经常为非作歹呢？

　　《易经》告诉我们：人有妄念，才会招来无妄之灾。不断提醒大家：得意容易忘形，仗势便会凌人，而高亢必然有悔。天道忌满，人道忌全。最好减少妄念，存真守正。

　　佛家传入中国，深知中华民族以道德为最高信仰，历来只有利害冲突，并没有信仰的不同，因此避谈政治而致力于去妄。禅宗二祖慧可，熟读儒道经典，心独不安，专程请教达摩祖师，获得当下自在的智慧。我们从慧可祖师融合儒、道、释三家的生活智慧，符合"无三不成礼"的易数，应该可以进入乐生的层次，成为易道的实践者。

　　这次借由此书，尝试和大家分享禅宗的生活智慧，实际上，也就是《易经》的生活智慧。期盼能在变动快速的现代，帮助读者找到一帖身心安顿的良方。此外，北京书画院院长、著名书法家张惠臣先生，特别为本书提笔挥毫，撰写《达摩祖师大乘入道四行观》全文以飨读者，在此一并致上十二万分谢意。

　　尚祈各界先进不吝赐教为幸！

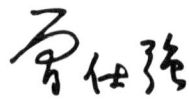

前 言

达摩祖师的启示

菩提达摩，原名"菩提多罗"，后改名"菩提达摩"，意译为觉法，是印度禅宗第二十七代祖师般若多尊者的大弟子，为印度禅宗第二十八代祖师。南朝宋末航海到达广州，又往北魏，住嵩山少林寺，为中国禅宗初祖，故中国禅宗又称达摩宗。在本书的开头，让我们一起来聊聊达摩祖师为什么会来中国，又和中华道统传承有何渊源。

我们中华民族只有一门学问，用一个字概括就叫"道"，用两个字概括就叫"道学"。轩辕黄帝是中华民族第一个把道用在政治上的共主，叫作"道政合一"。

换句话说，道政合一，在轩辕黄帝的时候就正式成为中华道统，然后传给尧、舜、禹、汤、文武、周公，以后就没有了。孙中山先生讲过一句话："国有一个道统，自尧、舜、禹、汤、文武、周公，至孔子而绝。"

但是，他没有讲原因，我把原因找了出来。春秋时代还好一点儿，那时候还有一点儿尊王的味道，虽然假的成分比较多。但是到了战国时代，实在是太乱了，周天子完全被架空，完全被利用，道无从传起。释迦牟尼在印度成道后，它只是暂时的，因为印度不可能接受佛教。这样各位才知道，为什么佛教是从印度产生，而最后印度人很少信佛教，就是因为这个道是要回来的，由谁传回来？就是达摩。

达摩在印度是二十八祖，回到中国是初祖，我们到底认定他是二十八祖还是初祖？其实两个都应该认定，因为历史是不允许后人抹掉的。

达摩回来的时候，采取了一个相反的反向，就是老子所讲的"反"。他这样做是在告诉世人，这次是不一样的。我们都说，佛是从西方传过来的，佛祖西来。我请问各位，达摩要回中国的时候，是怎么来的？有飞机可坐吗？没有。有轮船吗？没有。走路吗？走到死也走不到。他是走水道，乘一条小船一路下来。

第一站就是海南，也就是"道"回到中国来的第一站就在海南。达摩在那儿停了一下，就直接到了广州，再由广州到了南京。可见，他是从东往西走，就是告诉大家，他采取的方向不一样。我希望大家想一想为什么，很少有人去注意这些，大家总认为就是这样。

达摩见到梁武帝，梁武帝就跟他讲：我有多大功劳，我替佛教做了多少事情。达摩毫不客气，讲了四个字：毫无功德。其实很多人没有好好研究这一段，梁武帝有什么功德呢？把一座好好的山破坏掉，把里面搞得乱七八糟，这有什么用？大家必须要清楚，我没有说不好，凡事有好就有坏。

达摩把道引回中国，就是回归原点，就是寻根的意思。然后达摩就变成汉传佛教的初祖，后有二祖、三祖、四祖、五祖，传到六祖的时候，就没有了。真的没有吗？当然不是。五祖要传给六祖衣钵的时候，是在晚上，不让任何人知道，他到后面厨房去跟六祖说：我现在把衣钵传给你，你赶快跑，而且不要出现，躲过这一段时间，否则你会很危险。

六祖拿着衣钵，还是跑回到了广东，隐了好久，在适当的时间，他才出现。所以，六祖记住了这个教训，他说我们不要再传衣钵了。大家要听清楚，不是说衣钵不好，而是说用衣钵的话，就会把大家又引到外面去，纷争无限，那就完了。六祖不传衣钵，并不代表他不往下传，只是没有衣钵而已。道就是这样一代一代，一直传到了现在。

最后，我还要强调一下，"道政合一"到底是什么意思。用现在的话来讲，就叫作凭良心为人民服务。大家如果能够按照这句话来做的话，相信一定会有很好的绩效，因为这是中华民族自黄帝开始绵延至今的民族文化的核心，并将继续世代传承下去。

序　小小心意

前言　达摩祖师的启示

祖师西来　　　　　　　　　　　　　　　　　　　　　/ 1

据说菩提达摩祖师来到中国时，已经一百多岁高龄，而且不会说中文。那么他为什么要来中国？当时的社会是什么情况？他又是用什么方法和人们沟通呢？

中华禅宗　　　　　　　　　　　　　　　　　　　　　/ 9

印度禅，中华化。禅宗的创始人达摩祖师，采取以心传心的方法，使人自悟自解。炎黄子孙，自古受到《易经》的熏陶，感悟力特别灵光，简直一点就通，于是开创了独树一帜的中华禅宗。

生活智慧　　　　　　　　　　　　　　　　　　　　　/ 129

我们只有一个地球，西方人观察这个地球，看出一分为二、二分为四、四分为八等现象，把学问一分再分，分得支离破碎，实在难以整合。中华民族观察同一个地球，却悟出一生二、二生三、三生万物的道理。简单明了，而变化无穷。生生不息的学问，才值得我们去追求。

安心法门 / 171

　　人的基本要求之一是心安理得。心安与否，是一种状态，必须依附于某一事物，才能具体落实，于是道理便成为大家普遍依附的目标，中华民族更是如此。我们喜欢讲道理，也擅长说道理；但是，无论什么人，想和我们讲道理，恐怕都是世界上非常困难的事情。因为我们大多数人，只相信自己的道理，很不容易相信别人说的道理。

附录 / 187

《达摩祖师大乘入道四行观》　张惠臣　书　于北京　/ 188

祖师西来

据说菩提达摩祖师来到中国时，
已经一百多岁高龄，
而且不会说中文。
那么他为什么要来中国？
当时的社会是什么情况？
他又是用什么方法和人们沟通呢？

达摩是谁？

菩提达摩祖师是我们常用的尊称，
原本是南印度香至国王的儿子。
兄弟中排行第三，所以称为三王子。

达摩一定有位好师父吧！

他的师父是一位尊者，
而且是释迦牟尼佛祖传下来的第二十七代传人，
法号是：般若多罗尊者。

是师父找他，还是他找师父？

是因缘聚合。
达摩小时候见过般若多罗尊者。
等到他的父王驾崩，他才跟着尊者修行，一跟便是四十多年。

达摩到中国来，想做什么？

他想当佛教传入中国以后本土化的创始者。
因为佛教起源于印度，传到中国，恐怕水土不服。
达摩知道佛教如果不与中华文化相结合，
很难获得实际效果。

达摩什么时候来到中国？

南朝梁武帝普通元年，也就是520年，
达摩从印度航海来到广州。
梁武帝信佛，因此把达摩接到南京，请他传法。

佛教是什么时候传入中国的？

西汉末年东汉初年，佛教传入中国，
但是一直到魏晋时代才开始盛行。
那时候达摩还没有出生，但他身份特殊，应该知道这些事情。

魏晋时代佛教为什么盛行？

当时社会贫富差距太大，老百姓过着悲观痛苦的生活。
眼看着贵族、名士过分地奢侈享受，
又没有人能够拯救他们，
于是就把希望寄托在来世，对佛教十分欢迎。

达摩到中国来，为什么选择广州？

佛教传入中国，是由北方向南方传布。
达摩来到中国，希望佛教由南方向北方延伸，
有反向操作的构想。

祖师西来

达摩为什么要反向操作呢？

达摩认为佛教传入中国，逐渐成为一门学问，
大家把它当作高深的理论来研究讨论，却很少真正地修行。

达摩来到中国，所见到的情况是什么？

达摩发现，大家所研究的东西，
基本上都和佛的原本状态不一样。
大家所认识的佛和佛的本来面目并不相同。

佛来到中国，变成中国佛，不是正好符合本土化的要求吗？

佛在印度时，"干干瘦瘦"的，
来到中国以后，长得"白白胖胖"，
这是好事情，证明中国人真的很有人情味。
但是，把佛的本来面目都改变了，恐怕不太好吧！

达摩那时候，会说中国话吗？

达摩来到中国的时候，据说已经一百多岁，
想学中国话，至少也要一些时间。
有时候，语言不通反而更加容易相互了解，
至少可以减少语言文字所产生的沟通障碍。

达摩采用什么方法与当时的中国佛教界沟通？

达摩会见了当时笃信佛教的梁武帝，
"擒贼先擒王"，
对中国人向来最有效。

梁武帝笃信佛教到什么程度？

梁武帝萧衍，灭掉齐朝，建立梁朝。
在位四十八年，是南朝（宋、齐、梁、陈）中在位最久，
也是最重视教育的一位君王。
梁武帝在位前期，开创了"天监之治"，国势十分强盛。
然而，当他迷上佛教以后，开始对朝政感到厌恶，
反而喜欢穿着僧衣，为僧尼讲解佛经。

梁武帝迷信佛教，对当时的人民有什么影响？

他不杀生，因而废除了死刑。
地方官吏任意侵害百姓，公然贪污纳贿。
王公贵族骄横淫暴，狂妄至极。
亡命之徒当街杀人，官吏也不敢管。
有人向梁武帝报告这些乱象，梁武帝只是跪在佛前，
口念："阿弥陀佛，善哉，善哉！"
最后导致梁朝日趋衰亡。

据说中国僧尼吃素，也是源自梁武帝的规定？

释迦牟尼佛祖创立佛教，要求僧人过简单、朴实的生活。
沿门托钵时，施主给什么，僧人就吃什么。
不管是荤是素，诚心接受。
梁武帝慈悲为怀，每天只吃一餐，而且是极差的菜蔬。
后来干脆规定僧人断食酒肉。
中国僧尼吃素，就是从那个时候开始的。

梁武帝和达摩见面，情况如何？

达摩从广州来到南京，与笃信佛教的梁武帝见面。
武帝问："我修建这么多佛寺，写这么多经卷，度这么多僧人，有多少功德？"
祖师爷断然回答："都没有功德。"

为什么建佛寺、写佛经、度僧人，并没有功德呢？

达摩认为这些都是人天小果，有漏之因。
虽然有一些贡献，却是虚的，并不实在。
换句话说：不是真功德。

那么，什么才是真功德呢？

达摩说：
不要老想着自己成佛。
有所求而做的事，都虚妄不真；

无所求的奉献，才是实在的功德。

《易经》中的咸卦，好像也是这么讲的。

《易经》第三十一卦：泽山咸卦。
"咸"和"感"字，只差一个"心"。
无心之感叫"咸"，才能感动人心；
有心想感动别人，动机已经不纯正，经常感动不了任何人。

梁武帝懂《易经》，为什么想不通这个道理？

我们只能说梁武帝读过《易经》，但不明白其中的道理。
读书却不明白其中的道理，等于没有读。
读书明理，但是无法表现在实际的行为上，
也等于两脚书橱，背诵很多却不管用。

达摩的话，梁武帝听得进去吗？

达摩的真言：
"善之为用，不求回报；一求回报，即非善也。"
这与梁武帝的想法，基本上恰好相反。
两人因缘并不契合。
据说梁武帝相当不高兴，拂袖而去。
可想而知，必然如此。

达摩离开南京，到了什么地方？

达摩有话直说，惹怒了梁武帝。
于是他离开南京，借得一苇渡江，
来到北朝魏国境内，开始在洛阳一带传习禅宗。

印度禅，中华化。

禅宗的创始人达摩祖师，采取以心传心的方法，使人自悟自解。炎黄子孙，自古受到《易经》的熏陶，感悟力特别灵光，简直一点就通，于是开创了独树一帜的中华禅宗。

中华禅宗

什么叫禅宗？

佛教起源于印度，禅宗则发扬于中国。
达摩采用释迦牟尼佛祖在灵山法会上，
拈一朵花引起顿悟的方式，透过净心禅坐而悟道的方法，
以观想悟理来度化众生，
因此成为中华禅宗的祖师。

达摩为什么重视禅坐？

达摩来到中国，由于语言不通，
因此借重这种不需要太多语言便能顿悟的方法，
应该是一种适时、适地应变的方式。

达摩难道没有留下任何文字？

达摩的一些法语和论文，都是他的弟子慧可禅师记录下来的。
当然，应该是一些弟子共同整理，而以慧可禅师挂名的，
因为他是禅宗的第二代祖师，名正言顺，成为一家之言。

达摩不通过言语，如何通过修行传法？

526年前后，达摩到中国已经六年。
想来想去，终于想出一个好办法：
在嵩山少林寺五乳峰的石洞内，面壁九年。

为什么需要面壁九年呢？

大概是因为"九"和"久"同音，中华民族重视九九归一。
达摩尊重中华文化，因而面壁九年，告诉大家：
顿悟需要长时间的修行。

达摩这样做，是不是求新求变呢？

求新求变，对于人类来说，
实在是有知识，却缺乏智能的一种说法。
因为"新"和"旧"未必对立，
而"变"与"不变"也不可能分家。
求新求变，根本不合达摩的本意。

达摩和释迦牟尼佛祖有什么关系？

达摩的师父，般若多罗尊者，
是释迦牟尼佛祖传下来的第二十七代传承者。
所以达摩成为释迦牟尼佛祖第二十八代传人，
也就是印度禅宗的第二十八祖。
关系密切，是名门正宗。

释迦牟尼佛祖是印度禅宗的始祖吗？

传说释迦牟尼佛祖，
有一天在印度（旧称天竺）灵鹫山对徒众说法。

佛祖并不开口，只是手拈一朵金婆罗花。
徒众不解其意，摩诃迦叶尊者却发出了会心的微笑。
这种不立文字、教外别传的方式，就是印度禅宗的起源。
而迦叶尊者，便成了印度禅宗的初祖。

教外别传，成为一种宗派吗？

我们可以这么说：
释迦牟尼佛祖除了讲经说法之外，另外开辟了这一种宗派，
以不立文字、教外别传来代代相传。

达摩是不是中华禅宗的始祖？

印度禅宗，以释迦牟尼佛祖为创始者，
而以摩诃迦叶尊者为初祖。
中华禅宗，以达摩为传入者，
同时成为中华第一代祖师，称为初祖。
我们尊称达摩为祖师爷，
是一种特殊且亲切的尊敬。

中华禅宗，由谁来接棒呢？

初祖达摩，
传给二祖慧可，
再传三祖僧璨，
又传四祖道信，

继传五祖弘忍，
到了六祖惠能，
就不再一脉单传了。

六祖惠能以后，中华禅宗就不再传了吗？

当然不是。
惠能从五祖手中接下衣钵时，
五祖郑重警示他必须连夜南逃，以免发生意外。
于是惠能省悟到单传的高度危险性，
这才终止单传的方式，
改采普传，更加自由化。

五祖为什么要六祖连夜南逃呢？

因为五祖知道有很多人不服气，想要争夺衣钵。
他在半夜三更采用秘密的方式，
把衣钵传给六祖，并且交代六祖连夜向南逃走。
一直要等到时机成熟，才能够公开授徒，继续弘法。

六祖以后，中华禅宗为什么南北分流呢？

惠能得到五祖的衣钵后，便隐姓埋名。
一直到十五年后，才在广州光孝寺显露身份。
而一心想要夺取衣钵的神秀，
则留在北方，成为武则天的国师。
从此中华禅宗南北分流，演变为五宗七派。

达摩预料得到五宗七派的分流吗？

传说达摩由南京北渡洛水，
脚下只踩着一丛芦苇，便飘然过江。
在一苇过江时，手中拿着一枝花，有五个蒂，
预先告示中华禅宗将在全盛时期开出五朵鲜花。

禅宗流传，仅限于中华大地吗？

禅宗既然由印度传入中国，也就可能由中国传到其他地区。
先是日本，7世纪时便由中国传入，然后再由日本传到欧美。
以至于很多欧美人士，只知道禅宗源于日本，
却不知道其实还有更早的源头。

禅是什么呢？

问这种问题，其实已经失去了禅味。
禅是一种集中精神，以领悟真理的修行方式。
主要在悟，所以没有固定的答案。

释迦牟尼佛祖当年为什么要一分为二呢？

我们依据《易经》"一分为二，二合为一"，
构成"一阴一阳之谓道"的原则，
并不认为佛祖是"一分为二"的，应该说是"一内含二"。
佛法是一，内含"语言文字相传"和"非语言文字相传"两种方式。

禅宗所传，不离佛法，
只是教外别传，不立文字而已。

达摩为什么采取面壁的方式呢？

达摩在五乳峰的石洞内面壁九年，
就是在传习壁观禅法。
后来的坐禅，实际上便是由壁观转化而来的，
形成另一种格调。

为什么要面壁？

达摩或许认为：
外息诸缘，内心无惴，心如石壁，可以入道。
眼前只有石壁，别无他物，可以减少妄念。
心中没有烦恼、恐惧，
就像石壁那样坚定而正直不移，可以排除一切执念。
对于悟道，应该有很大的助益。

为什么选在少林寺呢？

达摩在和梁武帝见面时，
原想唤醒梁武帝，
这样由上而下，使佛教的真面目得以显现。
既然此路不通，那就改采不言不语的心传方式。
少林寺当时已经很出名，

选择在少林寺面壁，更容易引起大众的注意。

为什么有"面壁石"的说法？

1848年，广东高安人萧元吉写《面壁石赞》：
"少林一块石，都道是个人，分明是个石。
石何石？面壁石。人何人？面壁佛。
王孙面壁九年经，九年面壁祖佛成。
祖佛成，空全身。
全身精入石，灵石肖全形，少林万古统宗门。"

"初祖庵"又是什么？

五乳峰下的小山丘上，有一组建筑群，
被称为"初祖庵"。
据说是宋朝人为了纪念达摩面壁而修建的，
成为河南省现存最为古老也最有价值的木结构建筑群。

六祖惠能为什么在初祖殿栽植柏树？

惠能南逃，终究要回到祖庭少林寺，
就像中华民族重视归宗认祖、落叶归根那样，表示不忘根本，
而且证明了自己才是中华禅宗的正统传人。
惠能特地从广东带回柏苗，
植于初祖殿东南角作为物证。
后代子孙见证这种精神，莫不为之深深感动！

释迦牟尼佛祖为什么要拈花微笑？

所有宇宙人生的道理，可以用一句话总结，
那就是"一阴一阳之谓道"。
倘若透过文字传教是阳，
那么不立文字、教外别传便是阴。
就像老子所说的"万物负阴而抱阳"，
阴、阳永不分离，都存在于我们的日常生活之中。
我们可以说两者不一样，也可以说两者是一样的。

为什么说不一样又是一样的呢？

心中认为不一样，两者就真的不一样；
心中认为一样，两者其实就没有多大差异。
换句话说：
重"分"的人，满脑子都是分，看什么都不一样；
而重"合"的人，满脑子都是合，看什么都差不多，
并没有什么两样。
一而二、二而一，是《易经》的思维方式，
对中华民族的影响十分深远。

什么叫作"一而二、二而一"？

禅离不开生活，离开生活就没有禅。
生活也离不开禅，
一言一笑、一举手一投足，都在透露禅的契机。
所以禅和日常生活既是一，又是二。

禅与生活合一。
然而有人把握得住，有人把握不住，
形成两种不同的情况。

禅，最早的情况是什么样的？

传说释迦牟尼佛祖在灵山法会拈花微笑，
摩诃迦叶立刻把握了微笑中所透露的真意，
而当下了悟，就是这样，禅便流传下来了。
太极生两仪，两仪生四象，四象生八卦，
原本十分自然。
禅由一朵花、一个微笑开始，
一直衍化下来，也极其自然。

禅是佛教的一部分吗？

禅是自然孕育出来的，
可以说是佛法的一部分，也可以说是人类生活的一部分。
因为佛法如果离开生活，或者生活如果离开自然，
那就不是真正的禅了。
道法自然，禅法自然，
也就是全都合乎自然。

禅的定义是什么？

定义？定义！什么叫作定义？

谁有实力、有资格下定义呢？
定义是每一个人悟出来的，
一人一义，十人十义，才是常见的情况。
要想加以统一，把定义一致化，
就变成形式，根本没有实际的效果。
对于禅来说，也是不可能的事情。

能不能稍微指点一下呢？

这是可以的。
不过《易经》的原则是"不可为典要"——
不能够只是当作条文，去背诵、记忆，
却不求领悟，那就不好了！
首先，最好不要把禅看作一种宗教。

宗教有什么不好？

宗教的起源，是超越生命的能人，顿悟生命的实相，
通过言语的教化才出现的，当然没有什么不好。
是信仰者自己不好，才弄出很多弊端。
这种情形，同样发生在《易经》。
《易经》这部经典并不迷信，
但是很多人把《易经》搞成迷信。

是不是"教"字太严肃了？

"教"字也没有问题，根本是人自己出了问题。
若是把"教"当作"教化"，当然很好；
若是把"教"视为"教条"，那就不好了！
这也是"一阴一阳之谓道"所带给我们的启示。

禅好像没有固定的教义。

这就对了！
没有严格的教条，所以称为"教外别传"。
严格的教条，对于某些人而言是必要的，
所以佛教也不能够例外；
但是对于某些人来说，自主才是人性的尊严，
那就不能够接受固定的教义了。

禅是一种高度自觉的产物？

禅既然是一种生活的方式，
而每一个人又有不同的个别差异，
不必求其一致，却应该求同存异，
所以需要高度的自觉，
在有限的自主当中，走出自己的道路。

悟禅为的是什么呢?

为的是内心的平和。
"平"就是能接受不平的现实,像海洋那样,
一波未平、一波又起,但内心是平静、安宁的;
"和"是和合,老子说"冲气以为和",
也就是要能接受"分"的事实。
有形有体,怎么能不分?
但内心的感觉是不分的,本来就合在一起。

宗教有救世主或上帝可以依靠,禅呢?

禅所依靠的,是我们自己。
实际上除了自己以外,还有什么可以依靠的呢?
大家可以拿一支笔,用一张纸,
把认为可靠的事物逐一写下来。
结果呢?通通经不起考验,
都被划掉了,是不是?

靠自己,那不是自信吗?

"自信"是一种口误或笔误,
应该是"自性",而不是现代人常说的"自信"。
通常眼光愈狭窄、见识愈浅薄的人,才愈盲目自信,
实在非常可怕!

达摩面壁九年，是"自性"还是"自信"的表现？

如果说成"自信"，
那就表示达摩有信心，可以达成自己所预设的目标，
这和梁武帝一心想做功德、一心想成佛有什么两样？
"自信"是对结果有信心，属于结果论者。
达摩是重因不重果的修行者，
面壁九年当然是"自性"的表现。

自性是因，那是什么因？

"性"字"心"旁，象征与生俱来的心，
而不是后天所产生的心思。
"自性"代表这一生所要完成的任务，是一种天命。
能不能完成，由天决定；有没有尽力，则是自己的事情。
这种天人合一的状态，即为"自性"。

天命人人都有吗？

要不然为什么众生平等呢？
人人都有天命，各自不同而已。
从这个层面来看，的确是众生平等。
然而，人一生下来，受到环境的制约，
有些人觉悟得早，有些人领悟得晚，
有些人一辈子都不自觉，因此显得很不平等。
"一阴一阳之谓道"，在这里看得十分明白。

达摩面壁九年，悟出了什么？

"教外别传，不立文字"，是大家对拈花微笑的一种描述。
"直指人心，见性成佛"，可能是达摩面壁九年最大的收获。
既然不立文字，就不要再给自己设立很多文字障，
因此直指人心，应该是可行的途径。
见性成佛，那是各人的了悟，
只能依靠自己，旁人无法帮忙。

直指人心，是不是用手一指，就可以直透人心？

指不指是一回事，有没有效果又是另一回事。
《易经》重感应，
有感有应，才是"直指人心"的另一种说法。
有没有感应？有什么样的感应？
那就是因缘，现代话叫作"配套"。
时机良好，因缘俱足，自然有感有应，当下了悟。

悟或不悟，有什么标准？

人类最大的笑话，
便是认为自己悟了，别人却执迷不悟。
自己永远高人一等的心态，是人类最大的天敌。
所以悟或不悟，必须自作自受。
由自己评断，也由自己承受一切后果。

为什么自作自受?

因为人生的平等律,其实就是这一条:自作自受。
长久以来,中国人习惯把"自作自受"视为一种负面表述,
似乎只有不好的结果,才叫作自作自受;
实际上好的结果,也是一种自作自受。
任何人对自己的所言所行、所作所为,
都必须负起完全的责任,承担所有的结果,
这就是所谓的"自作自受"。

现代人很重视自信,有什么不好?

这不是好不好的问题,
合适或不合适,才是我们应该探讨的重点。
"自信"和"信天",必须同等重视,兼顾并重,
才是天人合一的表现。
现代人过分自信,以致忽视天道,
甚至把天道和迷信画上等号,造成很多祸害,
自己还浑然不知,岂不可怜!

能不能举一个例子?

有些人这一辈子不是来表现的,
而是来默默行善的,
结果却被当作缺乏自信,
没有足够的勇气走上舞台。
经过一番启发、激励和历练,

终于有了自信，勇敢地走出来，
却修不好原本应该修炼的课业，
到底是好事还是坏事？

为什么走上舞台反而不好呢？

并不是走上舞台不好，
而是有些人走上舞台很好，有些人反而不好，
要看个别的需要而定。
我们这一生，为了配合天命，
生长在什么样的环境，相貌如何，应该发挥哪些才能，
每个人都不一样。
所以不应该胡乱学习，
以致扰乱了自己原本的步伐。

难道不可以改变自己吗？

当然可以。
但是要看"有没有必要"，而不是"要或不要"。
有必要改变的，才改变；不需要改变的，千万不要乱变。
这叫作"有所变，有所不变"，也称为"持经达变"，
是《易经》给我们的最佳准则。

不是说一切一切都在变吗？

就长远看，一切一切都在变。

但是有的变得快，有的变得慢。
《易经》把变得快的称为"变易"，
把变得比较慢的称为"不易"。
变易如果是变，不易便是相对的不变，
所以有变有不变。
依据不变的原则，来因应当前的变数，
做出合理的调整，这就是"持经达变"的智慧。

哪些是不变的法则？

过道德的生活，净化自己的欲念，发展对心的自主能力，
最起码是修禅者不变的恒久法则。

什么叫作道德生活？

佛家常说"依法不依人"，
"法"便是道德。
我们可以说道德是一切法的基本，也就是根基。
离开道德，并没有什么法可言。
现代人把遵守法律称为守法，实在太偏狭了！
过道德生活，才能真正守法。

守戒好不好？

凡是神本位的民族，都是把神当作人的主宰。
神至高无上，当然可以对人颁布戒律。

在这种情况下，人必须守戒。
但是，守戒未必符合道德的要求，这也是常见的事实。
因为戒律一旦形式化、固定化，
就免不了僵化，不能与时俱进。

道德生活真的做得到吗？

孔子曰："仁远乎哉？我欲仁，斯仁至矣！"
道德生活，其实就是仁的自觉，
也就是对"人之所以为人"的自反自觉。
经由不断的反省，借着合理的调整，
人人都可以做得到，用不着刑罚和戒律的约束。

刑罚和戒律为什么长久存在呢？

因为很多人既不自反，又不相信自己可以过道德生活，
他们只接受威胁恐吓，
所以圣贤不得不采用"原罪""下地狱""善有善报，恶有恶报"，
以及"不是不报，时辰未到"等威胁恐吓的手段。
实在是用心良苦，只可惜长久以来，还是有很多人无法觉悟。

人类不是性本善吗，为什么恶人并不少？

人类有仁心仁性，却也免不了有各种欲念。
我们可以把这些人人俱有的欲念、妄想视为普遍存在的原始罪恶，
也就是原罪。

但是仁心仁性的发扬，足以超越这些罪恶，这也是不争的事实。
可惜很多人并不明白，以致犯罪率节节升高！

不是说上天有好生之德吗？
为什么上天要赋予人类这么多妄想、恶念？

倘若上天把人类生得慈眉善目，个个菩萨心肠，
人活着不就是安度日子的机器吗？
上天一方面给我们好心肠，另一方面又让我们经不起外界的诱惑，
这才是人间好道场，使我们有一个修炼的好场所。

我们应该如何反省呢？

孔子说："观过，斯知仁矣！"
我们的欲念，原本并没有不善。
人要生活，必须合理满足各种欲求。
问题是，人往往不能适可而止，
少追求多，多还要更多，好还要更好，
但资源有限而欲望无穷，以致犯下过错。
"过"也可以解释为"过分"——
从观察自己有哪些欲求过分的现象中，
应该就可以明白自己的为人之道是否合乎仁的标准了。

那就是净化自己的欲念？

适可而止，便是净化自己的欲念，

这是任何人想做，都做得到的事情。

我们常说：

"差不多就好了""见好就收""再走下去，就过分了"……
这些充满智慧的话，实际上就是在净化自己的欲念。

为什么要净化自己的欲念呢？

因为人是自然的一部分，
必须向自然学习，以自然为师，用自然做标准。
而自然的意思，便是不过分、差不多、适可而止。
凡是不能适可而止的，必然会受到自然法则的惩罚，
这是人人都不可能例外的定律。

这算不算威胁恐吓呢？

应该不是。
自然的法则，对于人来说便是自作自受。
人人都自作自受，丝毫没有例外，
这也是众生平等的一种表现。
若是从"善有善报、恶有恶报"的角度看，
并不是威胁利诱，而是一种自然法则，
也就是"有因必有果"的因果律。

因果难道不是迷信吗？

因果是科学。

热胀冷缩、火炎上水润下，从来就没有例外。
因果变成迷信，是被人误用的恶果。
自作自受并不是威胁恐吓，而是一种善意的提醒。
人人谨言慎行，心中存有"慎始善终"的因果律，
对人的修炼十分有益。

为什么要发展对心的自主能力呢？

人之所以会心生妄想，
主要是因为心被身体拖着走，丧失了自主能力。
这时候我们最常感受到的便是"痛心"。
可见心对自主能力的重视，一旦丧失，就会感觉痛心。
倘若要求不痛心，
就应该恢复心的自主能力，不再被身体驱使。
或者说得恰当一些，便是身体接受心的指引，
走上正道，也就是遵循正法而生活。

这样说起来，正心要紧吗？

《大学》说：修身在正其心，
一旦心失其正，身体的行为也会趋于偏激。
因此圣贤主张修身必先正心。
"正心"就是发展心的自主能力，
使其能够合理节制感情的激动，保持心的正常状态，
也就是我们所说的"平常心"。

正心的具体表现是什么？

正心指心胸广大宽平，没有分别心，也没有偏激心，
能将愤怒、恐惧、好乐、忧患调节得恰到好处。
孟子说"求其放心"，便是心在于身，并且使五官不失其职责。
五官尽责，各得其正，即为"正心"的具体表现。

心正则欲念获得净化。

心正其实就是"凡事凭良心，大家立公心"。
如此一来，欲念自然获得净化，
每个人都能随时反省，及时调整，
做到以理智指导感情，便是过着道德的生活了。
过道德生活、净化欲念、发展对心的自主能力，
实际上是一以贯之、持续进行的。

如何才能真正落实道德生活呢？

最好的办法，便是自己先做到，少去管别人。
一般人的通病，都是怕吃亏，喜欢占小便宜。
以至于说得到却做不到，明白道理却不愿意率先实践。
倘若人人都能觉悟：唯有自己先力行，别人才会放心地跟随。
那么，相信很快就能落实道德生活了。

吃亏了怎么办？

吃亏才证明自己是老实人。
老实说话，老实行动，老实做人，老实做事。
不吃亏，又何以证明自己真的是老实人？
所以不怕吃亏，才是老实人的大无畏精神。

老实人吃亏，合乎天理吗？

老实人往往被聪明人当作笑话，这是不了解天理的流行。
有一句俗谚说得好：
"巧的吃憨的，憨的吃天公，天公疼憨人。"
聪明人吃老实人，老实人吃老天爷，老天爷吃聪明人。
请问：当老实人有什么不好？
老天爷疼惜老实人呀！

那我们就当"吃老天爷"的老实人好了？

当然不可以。
一旦抱持"吃老天爷"的心态就不灵光了！
因为老天爷发现有人存心吃他，能不反过来把这些人吃掉吗？
不存心才吃得到，这就是"正心"的效果。
存心的都吃不到，因为存心不良，心已经不正了。

真的是"吃亏就是占便宜"？

这不是算术问题，如果是，当然不相等。
有些人理直气壮地呼喊："吃亏就是吃亏，什么占便宜？"
当遇到这种问题时，最好是借由修禅来自我化解。
因为人只能够自行改变，
靠任何人来改变自己，其实都行不通。

自己不改变，就别无他法了？

还是要靠自己修禅，
否则永远改变不了，这也是一种自作自受。
依赖他人，就会丧失心的自主能力。
上天所佑助的，必然是愿意自己努力的人。
天助己助者，人必须先有改变的决心，
才有可能真的改变自己，别人都是靠不住的。
所谓"依法不依人"，
所依的便是自我修正的法，也就是自然规律。

达摩面壁九年，是不是自我调整呢？

当然是。
达摩找梁武帝说不通，和一般人又有语言障碍，
怎么办呢？
不如改变自己的传布方式，用面壁九年来唤醒人们。
各人采用各自的方式来改变自己，就是修禅。

祖师爷面壁九年，吃不吃饭呢？

当然要吃，只是不用祖师爷操心。
因为附近的人，必然会自动供奉祖师爷，
这也是修禅的一种方式。
主动供养，便是发挥心的自主能力。
轮流招呼，也是心的净化，表示不存心为善。
如此一来，凡参与的人，都能自然而然地过着道德生活了。

选择面壁的方式，有什么用意？

第一，让大家明白，梁武帝虽然贵为国君，
却犹如顽石一般，点不醒，很不容易沟通。
第二，使大家了解，石头也有能量。
若是发挥人的灵气，即使顽石也会点头。
第三，既然梁武帝拂袖而去，就表示由人着手，有很大的困难。
然而由动植物着手，还不如从石壁下手——
挑最困难的，才更具有启发性。

选择少林寺，又有什么深刻用意？

第一，少林寺很出名，在这里面壁，容易吸引大家的注意力。
现代称为"名牌效应"，合乎人性的需求。
第二，在少林寺附近出入的人士，大多对佛教有好感，
比较容易用心领悟达摩的苦心。
第三，有少林寺保护，至少可以减少无谓的干扰，
能够专心面壁，收到最大的效果。

为什么要用心？

当然要用心。
光阴一去不复返，时间宝贵，不能浪费呀！
用心和动脑不同——用的大多是真心，动的大多是歪脑筋。
我们常说"不要烦恼"，偏偏很多人喜欢"动脑筋"。
"烦脑"才有"烦恼"，何必呢！

用心是什么？

用心其实就是凭良心。
若是达摩走入少林寺，势必会引起大家的不安——
梁武帝会不会不高兴，给少林寺一点儿颜色看？
虽然梁武帝是虔诚的佛教徒，但毕竟是俗人，
以俗人的眼光看达摩，根本看不懂。
用俗人的习性来应对，那就麻烦多多了！
远离少林寺，达不到宣传效果；
进入少林寺，又会惹麻烦，
不如在附近面壁，
这是一种合理、方便、有效而且安全的用心选择。

达摩提出所谓的《四行观》，不是吗？

不应该用这样的语气，十分不敬。
我们可以不看达摩的东西，也不理会达摩，
那是一种人人都拥有的自主性。
但是，既然要看、要讨论、要参与，就必须抱持恭敬的心。

什么"所谓的",这种语气就是大不敬。
应该问:"达摩提出来的《四行观》,内容是什么?"
不可以说什么"所谓的",使人觉得很不舒服。

《四行观》有哪些内容?

达摩祖师的《四行观》是:
一、报冤行;
二、随缘行;
三、无所求行;
四、称法行。

行是修行吗?

《四行观》开宗明义指出:
"夫入道多途,要而言之,不出二种:一是理入;二是行入。"
"入"就是入道,有很多途径,
但是归纳起来,不外乎"理入"和"行入"两种。
"理"是悟理,"行"即实行。
说"行"是修行,是一种通常的说法。
若不悟理,又如何真实行?
两者一阴一阳,不宜偏废。

那为什么叫《四行观》不叫《四理观》呢?

因为中国人普遍重视学问,又喜欢尊重有学问的人士,所以把佛教当作一门学问来研究。
诵经，背经，引经据典，
可惜却无法具体实践于生活之中。
为了提醒大家：知而不行，等于不知。
因此才称为《四行观》，而不叫作《四理观》。
希望大家能在实际行为上，表现出修行的实绩，
而不是沦为口头禅。

理入的"理"，指的是什么？

禅宗的特色，是不立文字；但是不立、不立，到头来还是要立。
站在不立的立场来立，才不致为立而立，弄出一大堆经文。
禅宗的理，主要是以心传心，见性成佛。

这么简单的理，够用吗？

《易经》告诉我们：
宇宙人生的规律，基本上十分简易。
是人类爱做学问，才愈弄愈复杂。
实际上，不能简单明了说出来的，就不是真理。
凡是无法用一、二、三点说清楚的，
就要更加努力，用心领悟。
设法把复杂的事，简化成三，才是真本事。

以心传心，怎么传？

人类在初生的时候，还没有文字，那时候完全是以心传心。
有了文字以后，大家便十分依赖这种媒介，
以致逐渐丧失以心传心的能力。
殊不知语言、文字固然方便，却徒增许多障碍。
听错了、写错了、解释错了、传承出了问题，
便可能造成很多扭曲、误解，
甚至有造假的危险。

以心传心，就用不着读经了？

有了文字以后，
我们把道理通过文字来传播，既方便又有效。
只是我们忽视了文字的读、写和心之间仍然具有十分重要的关系。
不用心、读错了，还是小事，
万一写错了，后果将不堪设想。
所以一方面要借重文字，另一方面仍要以心传心。
心是主体，文字不过是手段而已。

读经怎么以心传心呢？

达摩祖师《四行观》接着说：
"理入者，谓借教悟宗，深信含生同一真性，
但为客尘妄想所覆，不能显了。"
"理入"最方便的途径，即为读经。
主要的功能，在借教悟宗，借着佛教的经典来悟道。

深深相信具有生命的一切众生，都共同拥有相同的本性，
但是被客尘和妄想覆盖，以至于隐而不现，无法显露出来。

借教悟宗，是不是以心传心的重点？

当然是。
禅宗的方法，是直指人心，
以致忽视教义，也不重视宗教仪式。
"借教悟宗"，便是借助于教义和看得见的仪式，
来领悟其背后所代表的根本道理，也就是我们所要进入的道。
从有形的经典和仪式，返回看不见的根本，称为"悟宗"。
"悟"字从心，表示经由自己的心来悟道。

"宗"是什么？

"宗"的意思，是根本。
佛教的根本，是道。
《易经》所说的"一阴一阳之谓道"，
经由释迦牟尼佛祖的领悟，提出宝贵的心得，后来成为佛教的教义。
释迦牟尼佛祖传道四十九年，却要求大家不要执着于所开示的话语，
和《系辞下传》所说的"不可为典要，唯变所适"有异曲同工之妙。

达摩是印度高僧，难怪会写出这么精要的《四行观》。

这并不是达摩亲自写的，
是中华禅宗第二代祖师慧可禅师和同修们，

集体记载达摩的教诲所共同整理而成的。
和《论语》的集结过程应该是相同的。
可见能把弟子带好，才是真正的好法师。

慧可也是印度高僧吗？

慧可禅师是中国人，本名神光。
他博览群书，并长期研究儒、道两家的思想，
听到达摩的名字，就到少林寺参见。
但是达摩并没有理会他，于是他又默默地离开。
三年后，慧可重上少林寺，
那时正值隆冬之际，达摩在洞中静坐，一语不发。
慧可站立在雪中，等待了一整夜，
第二天早晨，积雪已经埋住他大半个身子。
达摩看出他的诚心，便传授他壁观禅法，
使其成为中华禅宗的第二代祖师。

什么叫作"壁观禅法"？

达摩以壁观为法。
在少林寺对面，有一座少室山，
达摩在面对少室山的洞中，终日面壁而坐，
对任何来访的人都不发一语，
如此长达九年，后人称为"壁观婆罗门"。
壁观并不等同于一般的静坐。
达摩行壁观禅法时，心就像空阔的海洋那样清静，
既不是想些什么，也不是什么都不想。

一切随缘，真正放空。

传说慧可断臂求道，有这回事吗？

达摩问慧可："你久立雪中，所求何事？"
慧可回答："求和尚开示，打开慈悲之门，普度苦难大众。"
达摩说："只有经过长时间磨炼，忍世上最难忍，行世上最难行，才能体会无上妙道。"
于是，慧可以所携利刃切断左臂，放在达摩面前，说："这样，可以表示我的诚心了！"
这样的传说，不必从字面上去理解。
切断左臂，只是象征抛开一切原先所知达到究竟之道的方法，
并不一定真的要切断手臂。

这和《论语》所说"朝闻道，夕死可矣"似乎十分相近

"朝闻道，夕死可矣"，
其中的"朝"并不一定指朝，"夕"也未必一定是夕，
"死"那就更不是死了！
这句话可以解释成：
有朝一日领悟到道理，对于过去的种种不是，
用不着后悔、痛心，就让昨日种种譬如昨日死，
然后，在崭新的今日重获新生。
这样不就好了！
慧可对于当时佛教重理论、重仪式，
已经丧失佛心的现象深觉不妥。
为了求道，不惜痛下决心，放弃以往种种做法，

当然是展现了很大的诚意。

之前说达摩不发一语，但后来还不是对慧可讲了一些话？

达摩不说话，不过是站在不说的立场来说，未必完全不说，
这才合乎"一阴一阳之谓道"。
何况达摩和慧可的对话，也不一定像传说那样，
你一句、我一句地互相对应。
很可能是以心传心，彼此会意，根本用不着开口说话。
后人借文字来表达当时的情境，我们也不需要加以质疑。

是不是语言不通，才退而求壁观开悟呢？

如果只是这样，那也不叫禅了。
达摩为了破除当时流行的"学术式"和"哲学式"的佛学，
也为了发扬佛教的实在精神，
因此才把语言不通当作良好的基础。
用现代话来讲，就称为"利基"。
以身体力行的方式来传扬，
这才是壁观的真正用意。
做得到才算数，说一大堆不一定表示开悟。

达摩为什么选择慧可呢？

我们相信，当时前来探望达摩的人，为数必然不少。
但是达摩心中有数，

倘若佛法不能与中华文化相结合，就很难在中土发扬光大。
因为慧可对儒、道两家的深研，
以及达摩从慧可去而复还、始终不正面接触，
却能适度表现出自己诚意的这几点，便悟出慧可堪为法器。
果然是年老慎择徒，选对了！

慧可的第一课是什么？

达摩对慧可说："你所求何事？"
慧可回答："我心不安宁，请求师父替我安心。"
这就是慧可的第一课。

这一课到底在说什么？

这一课，在禅家叫作"公案"。
它一方面用来打开学者的直觉心，是一种工具；
另一方面用以试探学者的直觉心打开到什么程度，
也是一种衡量的标准。
达摩和慧可果然默契良好，两人心意相通，圆满通过。
不是，应该说是完成以心传心。

释迦牟尼佛祖说法四十九年，目的是什么？

不要以为佛祖以说法来救人，
应该说佛祖通过说法来助人自救。
人必自救，然后才有得救的希望。

佛教的教义，主要在培养我们对自己身心双方面的自制和不执着。
实际上这和《易经》所重视的中道思想非常相近。
儒、道两家，也都不离中道。
这就是儒、道、释三家合一成为中华文化主要内涵的真正原因。

达摩采取壁观禅法，是不是也在助人自救？

当然是。
壁观禅法的特性是心不动摇，
没有妄念，也就不会产生妄行。
当我们的心像石壁一样，
既不动摇，也不生妄念，一片寂静，
当摆脱对人和物的执着时，就能获得彻底的自由，
不生贪欲、占有欲，没有自我，也不需要自信。
所有的恐惧，顿时消失，心也就安了。
自救之道，即在于安自己的心。

为什么要"深信含生同一真性"？

自古以来，一切一切似乎都在变，
但是，人性并没有变。
这不变的人性，就是人之所以为人的灵性。
所以"含生"就是"含灵"，成为人类共同的真如本性。
凡是人类，都与生俱有，彼此一致。
人类在灵性方面，并没有差异。
众生平等，在这方面十分一致。
人人皆可以成佛，必须用心参悟，深信不疑，

否则，怎么能够自救呢？

果真人人都能够成佛吗？

这是十分普遍存在的疑惑，也就是深信不疑的重大障碍。
大多数人，抱持将信将疑的心态，或者有时信，有时却不信。
这是为什么呢？
因为大多数人"为客尘妄想所覆，不能显了"。
我们明明什么都没有，
却执着于自己所认为的拥有。
我们明明都具有佛性，
但是大多数人否定自己，岂不是自作自受？

为什么"但为客尘妄想所覆，不能显了"？

原本人人都具有佛心、佛性，
却由于外来的色、声、香、味、触、法的诱惑，
以及因此而造成的妄念、妄想，把佛心、佛性给覆盖、湮没了，
所以原有的佛心、佛性，都不能够显现出来。
那要怎么办呢？
达摩的《四行观》接着说：
"若也舍妄归真，凝住壁观，无自无他，凡圣等一，坚住不移，
更不随于文教，此即与理冥符，无有分别，寂然无为，名之理入。"

舍妄归真，如何能做到呢？

舍弃妄想，认清这些使我们烦恼、苦难的不速之客，
原来都是可以不必理会的。
真正的本性，才是我们自己，也才是主人。
把不必要的不速之客赶出去，
恢复主人原本应有的主宰地位，就是舍妄归真。
怎么做完全看自己。
反正非自己做不可，别人是帮不上忙的。
可惜大多数人看不清、想不通，当然也就做不到。

壁观禅法不是很有效吗？

当然。
"凝住壁观"的"凝"，即凝住我们的神，
使其犹如石壁那样平静而不动摇。
任何事情，对于石壁来说，都可能发生，也都可以发生，
但是丝毫不会产生影响。
当我们的心像石壁那样，
就不会有自己和他人的分别。
无自也无他，凡人和圣贤不就相等了吗？
倘若能够坚定不移，
更不必随着各种文字的教诲而起舞，
就不会因到处学道而迷失了自性。
否则愈学脑筋愈不清楚，
心思也愈加紊乱，何苦来哉！

不是要尊敬圣贤吗，怎么又说"凡圣等一"呢？

圣贤值得我们尊敬，因为他们知道人的本性是等一的。
要不然，凭什么被尊称为圣贤？
我们尊敬圣贤，其他部分也许赶不上他们，
但是在"凡圣等一"的部分是可以仿效的。
"凡圣等一"并不是没大没小，
更不是我和圣贤一样，要受到大家的尊敬。
"凡圣等一"是指本性均等，各人仍须善自发扬，
否则不可能一视同仁。
尧何？人也。
舜何？人也。
我呢？也是人也。

人真的是生而平等的吗？

常谓"人生而平等"，可惜一生下来就不平等。
因为本性等一，而后天所承受的污染和因应的方式不一样，
所以反而不平等。
换句话说，本性相等，好比建筑物的基础；
而习性不一，则是建筑物的上层。
看不见的部分，等一；
看得见的部分，不等一。

"与理冥符"，是什么意思？

"与理冥符"的"理"，是指"理入"的"理"，

便是我们所听、所闻、所深信的理。
一般人喜欢说"真理",我们只能说"道理"。
真理不可能显现,所以知道的人非常稀少。
我们常人顶多明白道理,就已经很不容易了。
要做到无自无他,便是无有分别。
能够舍妄归真,那就是寂然无为。
已经和道理暗自相符合,
可以名正言顺地说"理入"了。

《周易》也说"寂然不动",是不是同样的情况呢?

《系辞上传》说:《易经》本身没有思虑,也没有作为,它寂静不动,却能通过阴阳交感,而终于通晓天下万事万物。
假若不是天下最神妙的道理,
又有谁能够达到这样的境界呢?
寂然不动,客尘妄想就发挥不了作用,
一切随顺自然而为,当然与理冥符了。

"客尘"指的是什么呢?

我们常说"来者是客",可见"客"是外来的。
"喧宾夺主",表示来客竟然抢夺了主人的位置。
那"尘"是什么呢?
我们生来就有"六根"——眼、耳、鼻、舌、身、意,
也就是眼睛、耳朵、鼻子、舌头、身体、意识,
因而产生色、声、香、味、触、法的现象,称为"六尘"。
我们的本性原是光明的,可惜被"六尘"覆盖、湮没,

以致产生很多妄想，迷失了自己。

能不能断绝"客尘"的来路呢？

听起来好像是一种治根的法宝，
把来路截断、阻绝，让"客尘"进不来，不就好了？
这样做听起来很好，实际上却行不通。
因为人要生活，不能不透过六根来因应环境的变化。
换句话说，
除非死亡，否则我们不可能断绝"客尘"的来路。

"死在生前方为道"，行得通吗？

死在生前，
从看得见的角度来思虑，根本做不到，
可见它是指看不见的变化。
明明活着，却能够像死了那样，
不生妄念、没有妄想，
这就是修道有成，太有意思了！

那不是行尸走肉吗？

当然不是。
行尸走肉，是明明活着，却和死人一样没有感觉，
任谁看了都讨厌，自己活着也没有意义。
死在生前，更不是哀莫大于心死，

应该是如常地生活，却能够不生妄念，没有妄想。

能不能举例说明？

有一位修道之人，和大家一起看电视。
有人笑他："修道之人应该六根清净，看电视做什么？"
他回答："我没有在看。"
大家都很恼火："明明在看，还敢扯谎！"
他说："我只是看看大家在看什么，我根本没有看电视。"

佛即是心

当大家都热衷于悟道，热心聆听佛祖的教诲时，
释迦牟尼佛祖却说："佛在我们心中。"
达摩更是直指人心地说："佛即是心。"
到底是真的，还是假的？

佛即是心，那心又是什么呢？

达摩祖师爷说："心即是空。"
"佛即是心，心即是空"，
这八个字要合在一起想，不适合分开来看。
当我们做到"心即是空"的时候，
我们才有资格说"佛即是心"。

为什么"心即是空"呢？

首先，
空并非无，空不是没有。
空是达摩所说的：
"终日动而未曾动，终日言而未曾言，终日笑而未曾笑。"
心能放空，自然明白心的真实意义。
手脚可以忙，心不能忙。

怪不得释迦牟尼佛祖说他未曾说得一字？

释迦牟尼佛祖说法四十九年，
最后却说："未曾说得一字。"
一般人会认为若不是在开玩笑，便是扯谎，
甚至可以说是不敢负起责任。
实际上，这就是空。

有没有这方面的公案呢？

有一个人在荒野中遇到老虎。
他在前面逃，老虎在后面追。
当他跑到一处悬崖边，便抓住野藤的根，
把自己悬在崖边。
老虎在上面用鼻子嗅他，
他浑身发抖。
当他向下看时，发现下面还有一只老虎。
这时候，他看到身边长着可口的草莓，

他一手抓住藤，一手摘草莓，味道多么甜美呀！

这样的人，是不是太麻痹了？

怎么会呢？！
他一定是了悟到：过去心已经过去了，当然抓不住；
未来心还没有来，何必去抓它；然而现在心又在哪里呢？
反正不是过去，就是未来，
所以现在心，就像当年慧可回答达摩的话：
根本找不到心，心已经空了。
所以达摩才说："我已经把你的心安好了。"

原来这就是《金刚经》所说的"应无所住而生其心"

心既然无所住，就不住在过去、现在、未来。
找不到心，心就空了，也就安了。
问题是我们明白了，实际上却用不出来。
因为我们只是把它当成学问来做、当作经典背诵，
却不能在心中彻悟，当然无法实际运用。

能不能说一则实际运用的故事？

有两个和尚，在日常沿门托钵时，偶然碰到路上有一个大泥坑。
有一个少妇，正好也走到那个地方，唯恐弄脏衣服而不知如何是好。
其中一个和尚毫不犹豫地伸出手，帮助少妇走过泥坑，
然后继续向前行进。

经过长久的沉默之后，另一个和尚忍不住提醒他：
"所有与女人有关的事情，都在佛门严格禁止的范围内。"
但是，那个被指责的和尚却轻松地回答：
"我早就已经把她放下了，你怎么还背得这么辛苦？"

可见知是知，行是行，应该如何并重才好？

达摩说入道多途，不外乎"理入"和"行入"。
但不论是"理入"还是"行入"，
都必须朝向"舍妄归真"这一共同目标。
如果"舍妄归真"是太极，"理入"和"行入"便是两仪。
一分为二，还需要二合为一，才能够即知即行。

"理入"，要入哪些基本的理呢？

一、人人都可以成佛，但是，有一个必要的基本条件，
那就是心能放空。只有心即是空，才能佛即是心。
二、心要放空，就必须不执着。终日动而心能不动，
就像壁看起来平，实际上并不平；
壁看起来不动不摇，其实时时刻刻都在动摇。
三、心即是空，不能当作学问来研究，必须在生活中实际体验、领悟。
一旦彻底觉悟，便离成佛不远了。

难道成佛是我们修炼的目标？

成佛根本不是我们所要的。

心心念念要成佛，大多不能如愿，
因为心已经不空了。
能不能成佛，不应该是我们去想的事情。
我们的心理力量，总是消耗在追求这个或那个目的上面，
以致没时间好好聆听自己内心的呼声。

为什么要聆听自己内心的呼声呢？

在我们内心深处，
有一种代表真正自我的呼声，也就是良心之声。
换句话说：
有一座良心广播电台，一直安置在我们内心深处，
每天二十四小时，全年无休地发出呼声，
可惜我们经常不理会它。
殊不知，我们只有在听见并接受这个呼声时，
才能够找到真正的自我。

壁观禅法可以听到真正自我的呼声吗？

当然。
面对着墙壁，一心一意地打坐。
不要注意自己的观念和幻想，
只注意打坐本身，也就是集中精神于打坐，
避免分心的接触和活动。
将这种一心一意的境界，逐渐由静态的打坐，
扩大到我们所有动态的活动中，
自然就会感受到一种充满活力的平和境界。

怎么才能一心一意地打坐呢？

对于那些想在实际体验之前，便获得答案的人，
我们只能建议：打坐看看吧！
唯有从实际的打坐经验当中去体会、去领悟，
才有可能真正获得答案。

什么是真正的自我呢？

这个问题和打坐一样，
不应该从理智上去了解，却必须从实际上去体验。
我们只能说：真正的自我，来自一心一意的打坐。
由丹田自然呼吸，不想是，不想非；不想善的，也不想恶的。
精神集中，但是并没有思虑。
这样，真正的自我就出现了。

那要怎么"行入"呢？

达摩祖师爷的《四行观》中说：
"行入者，谓四行。其余诸行，悉入此中。"
"行入"就是"四行"，"四行"便是"行入"的总合。
什么叫"四行"？
意思就是四种行入的方式。包括哪"四行"呢？
《四行观》接着说：
"何等四耶？一、报冤行；二、随缘行；三、无所求行；四、称法行。"
其余诸行，都包含在这四行之内。

什么叫作"报冤行"？

《四行观》指出：

"云何报冤行？谓修道行人，若受苦时，当自念言：我往昔无数劫中，弃本从末，流浪诸有，多起冤憎，违害无限。"

"修道行人"，便是修行的人。

"修"为理入，"行"则是行入。

当修行人受到苦楚时，应当告诉自己：

"我在过去无量时空中，舍弃了本性，盲从欲望。

流浪在诸有之中，造成很多怨恨和憎恶，以致违背理性、伤害别人，带来无限的罪业，实在十分无奈。"

真的有"无数劫"吗？

能量不灭，我们的灵魂是不死的。

这一生的躯体，供我们使用若干年之后，毁坏了，可以丢弃。

但是灵魂离开躯体时，并不会随着躯体死亡，仍然能够另觅去处。

这样一世又一世，称为"无数劫"，

也就是历经很多时空的变化。

人真的有灵魂吗？

有些人认为根本没有灵魂，

他们理直气壮地说："我不认为有灵魂的存在。"

那么，我们可以请他们换句话说："我是一个没有灵魂的人！"

结果呢？大多不再说话了。

谁愿意做一个没有灵魂的人呢！

灵魂和禅有什么关系？

老子说：
"吾所以有大患者，为吾有身；及吾无身，吾有何患？"
我们的大患，来自我们的身体。
如果没有身体，我们会有什么大患呢？
但是，老子并没有要求我们忘掉身体甚至毁弃身体。
他主张大家应该"贵身"，
把自己的身体当作宝贝看待。

为什么要"贵身"呢？

因为灵魂倘若没有身体的协助，
就等于没有手也没有脚，做什么都很不方便。
"贵身"的用意，在于珍惜自己的身体，
但是要好好配合灵魂的要求，做到身体和灵魂合一。

身体为什么不服从灵魂呢？

因为身体容易受到外来的诱惑，产生纵情纵欲的贪求。
珍惜身体，把身体当作宝贝看待，便应该清静寡欲，
自然而然，漠视外在的名利宠辱，转向内在的灵魂，
以求身体与灵魂能够密切配合。

为什么要配合灵魂的要求呢？

因为人的不幸，是由嗔怒、自傲、好色等习性造成的后果。
倘若能够转化为宽大、谦逊、合理节制各种欲望，
便可以消减我们的不幸。

那不是心在决定吗？

当我们说"身心健康"的时候，
谈的是"身体"和"心灵"。
这时我们的心，是和灵魂合在一起的，称为"心灵"。
"佛即是心"，"心"即是空的心，原本指"心灵"。
但是，由于心背叛了灵，和灵的距离愈来愈大，
这才造成身、心、灵三者鼎立的可怕局面。

为什么可怕呢？

因为"心"一旦和"灵"分开，很可能偏向身体。
我们把"心"称为"心智"，"灵"叫作"灵魂"。
可怕的是，
心智逐渐向身体靠拢，告诉身体快乐就好，
以致现代人只知道追求快乐，却带来更多的不快乐。

心智为什么要这样做呢？

"心"和"灵"分开之后，心想要争取主宰的地位。

为了和灵魂抗争，很自然地，就会想要利用身体。
因此，身体和灵魂就会愈来愈远；
和心智却愈靠愈近。
所以很多以前的宝训，都由于心智的转变，
而用一句"时代不同啦！"来加以更改，
还美其名曰"change"！

人为什么会不幸？

人的不幸来自一种事实，
那就是我们总是在欲求某些东西，或执着于自己所拥有的东西。
倘若能够放弃这些东西，学会如何让内心摆脱身外之物的束缚，
那就心即是空了。

为什么心一定要空呢？

一切都是空的，这是事实。
偏偏很多人不相信，所以才需要修行。
实际上，当我们一口气提不上来，
临终之际，就会知道一切都是空的，
没有任何东西可以带走。
但是，我们为什么不想想：早一点儿知道有多好！
早一小时、早一天、早一年、早十年，
真的是愈早愈好！

心怎么能空呢？

心如果觉悟：
事情对我如此不利，并且这样严重，
从此刻开始，决心要反其道而行，
和灵配合，共同来约束身体，
使其自爱而值得珍惜，也就是贵身而轻名利，
如此一来，
心就会愈来愈平静，人就会愈来愈安宁，
心便空了。

为什么说"弃本从末"呢？

灵魂是太极，也就是一。
一生二，灵魂生出身体和心智；
二生三，身体和心智互相勾结，不断接受外界的诱惑；
三生万物，因此产生万有、万物、万法，称为娑婆世界。
一是本，其他都是末。
我们舍弃灵魂，离开本性，
愈来愈专注于二生三、三生万物，却不能九九归一。
这就是弃本从末，回归不了原点。

弃本从末有什么后果？

不能回归原点，只好流浪诸有。
人在死亡时，这一生灵魂最后一次离开身体，
不再回来，也回来不了了。

这时候灵魂带着心智，四处游荡。
由于习性的影响，还在留恋诸有，
很容易被生前所喜爱的东西吸引，附着在它的身上。
想回老家，对于现代人来说，比往昔更加困难呀！

倘若被石头吸引，会怎么样？

生前过分迷石头，死后心智迷上石头，
灵魂也就跟着附着在石头上，变成迷石头鬼。
生前过分迷计算机，死后变成迷计算机鬼。
生前过分迷……死后变成为迷……鬼。
这就是自作自受，怨天尤人都没有用，只好怨自己。

现代人的灵魂怎么会如此软弱呢？

灵魂被身体囚禁，使我们成为不由自主的人，
丧失了自主性，这种情况由来已久。
灵魂不得不把心智分出来，
希望借由心智来约束身体，用理智来指导感情，
但似乎也愈来愈没有效果。
灵魂由一分为二，却很难由二合为一，
怎么能不软弱呢？

为什么二合为一那么困难？

科学原本由哲学分出来，

不料在分出很多科学之后，人们却宣布哲学这位母亲已经死亡。
有的人认为有了科学，便可以舍弃哲学。
这种弃本从末的观念，深深为心智所相信，
以致弃灵魂而从身体，
弄得忘记了"我"是谁。

我们果真忘记了"我"是谁吗？

一个人有好几层皮，覆盖着内心深处。
人认识很多很多东西，就是不认识自己。
因为有很多层坚厚的皮掩盖着灵魂，
使灵魂被重重厚皮囚禁。
身体有几个孔窍，就有几个皮球堵塞住。
我是谁？真的忘记了！

为什么天地要把人造成这样？

灵魂造出身体，原本是一番好意，可以借着身体修行。
想不到身体愈来愈不受约束，反过来囚禁了灵魂。
灵魂再度造出心智，希望借由心智来制约身体，
想不到心智却弃本从末，不理会灵魂的呼喊，
造成累世的恶业，难以自拔。
这和天地有什么关系？应该是人自作自受。

有办法挽救吗？

有，只有一条路走得通，
那就是：救赎，自己救自己。
释迦牟尼佛祖没有办法普度众生，
说法四十九年，
都在启示人们必须自救，一切靠自己。
中华禅宗始祖达摩，同样告诉大家：
"直指人心，见性成佛。"
心一回头，不再纵容身体。
心能归一，认识灵魂才是真我、本我、本性，
也才是主人，不就自救了吗？

这样就能成佛了吗？

且慢。
《四行观》的"报冤行"，接着指出：
"今虽无犯，是我宿殃恶业果熟，
非天非人，所能见与，甘心忍受，都无冤诉。"
今天的我，虽然没有犯错，
但是累世所积下来的灾殃，
那些恶果成熟了，仍然造出现在的苦难。
这种因果关系，既不是天，也不是人所能够看得见的。
我们是人，当然看不见也摸不着，
只好心甘情愿地忍受。
既不要怨恨，也不能诉苦。

真的有因果吗?

又来了。
弃本从末是因,流浪诸有是果。
我们先迷失了自己,然后才为非作歹。
心智先不正了,外界的诱惑才进得来。
这种因果关系,难道还不够明白!
多起冤憎是因,违害无限则是果。
主要是因为我们的心离开了光明的灵魂,
所以才做出许多害人害己的事情。

好人未必有好报,是这样的因果关系吗?

当然不是。
好人有好报,是正常的因果。
但是,累世出现了很多恶业,难道就可以不报?
答案是当然要报。
既然如此,自己认为是好人,
必须经过客观的认定,有没有好心做坏事。
就算真的是好人做好事,还要检查一下,
累世的情况如何。
这笔账不是很好算,对不对?

这么复杂,如何算得清楚?

只要心里明白,心中有数就好了。
好人一定有好报,倘若受苦受难,最好的办法,就是反求诸己。

想想自己还有什么做得不好，再加以改善。
如果一再改善，仍然受苦受难，那就是前面的欠债还没有付清。
必须继续清偿，并且心无怨憎，也不到处诉苦，
以免更添负债，使自己更加受苦。

这种想法，是不是自我安慰？

很多人就是抱持这样的念头，所以始终不能完成"报冤行"。
我们最好回到《四行观》，接着看下去。
"经云：逢苦不忧。何以故？识达故。"
遭遇到苦难，先不要忧心烦恼。
逢苦必忧，是人之常情，
《四行观》却提醒我们，必须反其道而行之。
为什么？因为只有逢苦不忧，
才能证明我们的认知，达到了真实的地步。
不一定是真理，但至少已经十分接近了。

逢苦不忧，怎么做得到呢？

不立文字——
写很多遍，读很多遍，看很多遍，也想很多遍，实际上都没有用。
以心传心——
用自己的心，把逢苦不忧传给自己的心。
逢苦时，立刻以心传心，不忧不忧，
久而久之，习惯成自然。
让"逢苦"和"不忧"，紧密联结在一起，永远不分离，
那就自然而然，逢苦不忧了。

为什么一定要逢苦不忧呢？

《四行观》接着说：
"此心生时，与理相应，体冤进道，故说言报冤行。"
"此心"就是"逢苦不忧"的心，
当我们遭逢苦难，却能生出此心时，
就与道理相应了，也就是离真理不远了。
体会冤亲债主的心情，并且加以宽谅，
我们自己便进入道了。
心存友善，过去的冤债，才有可能逐渐化解。

真的有前世吗？

前世不一定是指这一辈子的前生。
因为前生看不见，所以很多人不相信，这也是人之常情。
若是把前世拉近一些，不就是以前吗？
现在以前所发生的事情，犹如前世一般，
很容易记不清楚，或者忘记了。
现在没有得罪人，以前却得罪过。
现在是好人，往昔却做过一些坏事。
现在很好，并不能保证有生以来，从不曾做坏事。

功过可以相抵吗？

功过相抵，是学校的规定。
学校以外，哪里可以功过相抵？
将功折罪，是一种权宜措施，

必须在很多条件的配合之下，才能够将功折罪。
功是功，必赏；过是过，必罚。
这才是天律，也就是自然律。
做很多坏事，再来求菩萨、拜佛，是没有用的。
倘若有用，我们将菩萨看成什么？

吃苦等于吃补？

吃苦等于消除业障，受苦才能生出智慧。
不吃苦，业障长久存在。
一吃苦就怨恨，
旧的业障消除，新的业障又增加了。
业障使我们的抵抗力减弱，
吃苦可以消减业障，当然等于吃补，
可用以增强我们的抵抗力。

吃苦还不能抱怨，太难了吧？

只要以心传心，牢记逢苦不忧，
凡是苦难到来时，先自我反省，
一定是自己说错了什么话，做错了哪些事情。
把矛头朝内，不再向外发泄，便能吃苦而不怨憎。
方向一改变，心态自然大不相同，
有什么困难呢？

"报冤行"是不是回报自己的冤呢？

能够这样想，真是太好了。
一般人总认为是冤亲债主太小气，紧逼着要讨债。
其实自己所累积的怨恨，能够消除掉一些才是好的，
而且消除得愈快愈好，消除得愈多愈好。
能报冤，对自己的修行大有帮助。
找机会回报，当然逢苦不忧，
岂非好事一桩！

能不能把"报冤行"完整地说一遍？

"云何报冤行？
谓修道行人，若受苦时，当自念言：
我往昔无数劫中，弃本从末，流浪诸有，多起冤憎，违害无限。
今虽无犯，是我宿殃恶业果熟，非天非人所能见与。
甘心忍受，都无冤诉。
经云：逢苦不忧。何以故？识达故。
此心生时，与理相应，体冤进道，故说言报冤行。"

不是他人来讨，而是自己找机会回报？

他人来讨，是自己缺乏自主性，
不能够自动找机会回报。
自己明白报冤的道理，找机会回报，
化被动为主动，自然逢苦不忧。
苦难时甘心忍受，都无冤诉。
逐渐消减旧业，尽量减少新业。

修行靠自己，不假外求。

这样，就不必拜佛了？

拜佛不拜佛，各人随缘，
和他人扯不上关系，和报冤也没有关联。
所以《四行观》又提出"随缘行"，指出：
"随缘行者：众生无我，并缘业所转，苦乐齐受，皆从缘生。"
"众生无我"，意思是没有自我意识，
也就是不可能以自我为中心。
一切一切，都缘起所造的业而转，
有时痛苦，有时快乐，都是从缘生出来的。

为什么没有"自我"的存在呢？

我们常常欺骗自己，说什么我要如何、我要怎样。
实际上，谁知道自己的下一个念头是什么？
谁明白自己的下一个年头会怎样过？
倘若连这些都不能控制，那自我存在与否，
岂不成了大问题？

"我要"却不一定如愿，是什么原因？

我们是自然的一分子，必须顺应自然。
但是，我们偏偏要执着于自我的存在，
甚至于肯定"人定胜天"的力量。

达摩祖师在"随缘行"便开宗明义指出：
"众生无我"，即所有的人，其实是没有我的。
"我要，我要"，是我们从小就常挂在嘴边的话语。
但是，"我要"的结果，大多是不能如愿的。
要不然，为什么说"不如意事，十常八九"呢？
我要能成、我要不能成，牵涉到很多因素。
并不是"我"所能够片面决定的，所以说"众生无我"。

什么是"并缘业所转"？

"缘"指因缘，
"业"就是我们的所思、所作、所为。
有因必有果，
有佛缘的人，表示与佛的因缘深，自然会拜佛、与佛亲近。
与佛无缘的人，对佛的认识不够，把佛当作神，
以致误解为是在拜偶像。
中华民族拜天地、拜祖先、拜圣贤，这些都不是拜偶像。
佛是觉悟的圣贤，佛教是无神论，这点很多人都不明白，
这就是缘分不足所造成的业。

业都是坏的吗？

这也是不合理的误解。
学业是坏的吗？功业难道不好吗？业绩难道没有良好的？
可见业有阴阳，也就是有好也有坏。
我们造善业，自然有好报。
倘若造恶业，结果如何，实在可想而知。

这种因果，可以说不证自明，人人心中有数，
若要死不承认，我们也加以包容。
为什么？因为自作自受呀！
来到佛寺，不论如何总是宾客，对主人打躬作揖，是一种礼貌。
礼佛不一定代表拜佛，至少表现出修养，结了善缘。

到底什么叫作"缘"呢？

同样的因，未必能够产生相同的果，这是什么缘故？
答案已经显示出来了，就是："缘"不一样，所以"果"也不相同。
缘有三层意义：
第一层是机会。没有机会，当然是无缘。
倘若无缘相遇，还有什么机会呢？
第二层是互动。有机会却不互动，等于没有机会。
互动的情况不相同，所产生的缘就不一样。
第三层是关系。互动的效果，呈现某种不相同的关系。
各种关系的总和，便称为缘。

因缘是两回事，还是一回事？

这样的问题，最合理的解释，应该是"一而二、二而一"。
说它们是两回事，却是一回事，
要不然，为什么我们常说"因缘俱足""美好因缘"呢？
说它们是一回事，却明明是两回事，
要不然，我们怎么会觉得"有缘无分"？
为什么"无分"？就是缺乏"因"呀！
有"因"还要有"缘"，二者合一才能起作用，才可能产生"分"。

有"因"没有"缘",有"缘"却找不到"因",同样都不可能开花结果。

因、缘两者相依,缺一不可。

倘若合不起来,也就稍遇即散了。

为什么"皆从缘生"呢?

宇宙万物的生成与灭亡,皆由因缘所造。

"因"是主要条件,"缘"为辅助条件。

"因"是原因,"缘"为助缘。

由因缘和合所产生的事物,叫作"果"。

任何事物,不可能无因而生。

但是,有因无缘,也不能生。

必须因缘俱足,才能结果。

那为什么不说"皆从因生"呢?

"因"是不灭的,随时存在。

我们有身体,人人都一样。

然而所产生的变化,则是每一个人都不相同。

这是由于各人所遭遇的"缘"各有不同所造成的个别差异。

"因"不灭,不论时间久暂,

遇到"缘",就会出现不同的现象,

所以我们还是说"皆从缘生"。

我们能不能主宰呢？

《易经》告诉我们，一切都是自然的。
既没有上帝的主宰，也没有天神的支配。
万事万物，都是果由因生，顺理而成，自作自受。
佛教的说法，也是如此。
想来这也是佛教源起于印度，
却盛行于中国的一大因缘。

什么叫作自然？

自然自然，便是自自然然。
凡是我们"知其然，而不知其所以然"的，就叫作"自然"。
一旦"知其所以然"之后，我们往往会起心动念，
想要加以控制，加以改变，并且自鸣得意地把它称为"智识"，
甚至大声疾呼："智识便是力量！"

难道"智识"不好吗？

有阴就有阳，阴阳不分家。
智识有好有坏，也有真有假。
最可怕的是：
好的会变坏，而真的也含有假的部分。
弄得真真假假、假假真真，实在难以分辨，
这才造成很多纠纷，增加很多苦恼。

我们不是可以选择吗？

这就是关键：
我们可以选择，事实上却无从选择。
我们在能够选择的时候，偏偏又缺乏选择的能力。
就算具有选择的能力，
也没有那么多选项可供我们自由选择。

是不是只好顺其自然呢？

顺其自然是对的，听其自然就不好了。
"顺其自然"是接受缘生缘灭的自然法则，
抱持"万般都是缘"的心态，一切随缘就好。
"听其自然"则是自己毫无作为，简直和活死人没有两样，
那不是行尸走肉吗？当然不好。

那该怎么办呢？

先接下去看《四行观》"随缘行"的几句话：
"若得胜报荣誉等事，是我过去宿因所感，
今方得之，缘尽还无，何喜之有？"
如果我们得到某些殊胜的果报，带来若干荣誉等事，
那不过是由以前所种的因感召而来，今天才能得到。
经过一段时间，因缘尽了，一切又将回归于无，
有什么值得欣喜的？

为什么说果报呢？

对于"因"来说，所产生的结果，就称为"果"。
但是这个"果"，对于造因的人来说，便是"报"。
事物只有"因果关系"，人才会有"因果报应"。
因为人有感觉，所以认为这是一种报应。
一方面自作自受，另一方面要为日后着想，多种善因。

"多种善因"是什么意思？

善因不生恶果，恶果不由善因。
俗话说："善有善报，恶有恶报；不是不报，时辰未到。"
我们多种善因，将来不一定生出善果，
但至少可以不生或少生恶果，对我们的未来必定有所助益。

为什么种善因不一定生善果呢？

问题出在"时辰"上面。
善有善报，种善因必得善果。
时未到，善果尚不能出现；
时已到，倘若善果还不出现，
那就是我们看不见的过去所种的恶因，现在才产生果报，
和我们所种的善因，并没有牵连，
只是我们不容易看清楚而已。

宿因的时间有多久?

"宿"指过去,而过去非常漫长,
过去还有过去,根本找不到最初的源头。
我们常常感叹"好心没有好报",
其实是因、果对不起来的缘故。
如果对得起来,就不至于有这样的感慨。
"宿"可以是昨天晚上,也可能是久远又久远,
甚至是无尽的久远之前。
谁知道!

有没有因果律呢?

当然有。
"果由因生,事待理成,有依空立",
这就是"因果律"的三个原则。
无因不生果,有因有缘必然生果,所以说"果由因生"。
有生必有死,有成必有灭,
这是必然的道理,所以说"事待理成"。
凡是存在的,最初都是不存在的,
凡是"有",必定依"空"而立,所以说"有依空立"。

"缘尽还无"是什么意思?

缘会生,就会尽。
这种自然的变化,就是因果所遵循的理则。
缘生的时候,原来的因受到缘的互动,便产生果报。

等到缘尽的时候，一切又复归于无。
这种无变有、有变无的情况，也是正常的理则。
缘生而有，缘尽即无，
和阳极成阴、阴极成阳是一样的道理。

我们能不能有喜怒哀乐的感觉了？

喜怒哀乐，是我们与生俱来的感觉。
一个人如果连这种感觉都没有，岂不是没有人情？
那生活有什么乐趣？做人又有什么价值？
我们不能没有喜怒哀乐的感觉，
也不能完全不表现出喜怒哀乐的情绪。
把情绪全部压抑在心里，只会闷出病来，使人更加痛苦。

不是众生无我吗？

众生无我，并不是没有我的存在，
也不是不允许我有感情的展现。
"无我"的意思，应该是"无我执"。
没有"我的执着"，并不是没有"我"。
我是实实在在的，怎么能够说无即无？
喜怒哀乐的情感人人都有，
只要合理表现，不要执着，顺其自然，便是无我。

"何喜之有"是什么意思？

"何喜之有"，表示喜讯到了，
喜事来临，心中喜悦，禁不住流露出来，这是正常的人情。
但是，喜过了，也就算了。
不要喜了还要再喜，一心一意追求再喜，并希望愈快愈好。
自己喜悦还不够，还要到处张扬，要求他人与自己同喜。
甚至于有人不喜，就要施加压力，予以指责，
有时还要勉强他人懂得分享的道理，那就不免种下恶因了。

经文接下去怎么说的？

《四行观》"随缘行"接着说：
"得失从缘：心无增减，喜风不动，冥顺于道，是故说言随缘行。"
"得"，是令人欣喜的结果。
"失"，是使人伤心哀痛的事情。
得失心重，烦恼痛苦也就跟着多了起来。
一切随缘，得失还是得心，
内心都不随之起伏，那就是"随缘行"了。

得失心不是每个人都有吗？

当然。
富与贵，人人都想得到；贫与贱，大家都不想要。
然而，想要就一定得要到，想去就必定得去掉，
这种得失心，是最要不得的。
"有心栽花花不开，无心插柳柳成荫"，

就是告诉我们：存心做好事，根本就不真心。
倘若不真心，想要就要不到。

不是说"心想事成"吗？

除了"心想事成"，还有另一句话叫作"事与愿违"。
到底是"心想事成"，还是"事与愿违"？
答案是：不一定，很难讲。
我们站在很难讲的立场，才敢这么讲：
"真心想事，事就会成；不真心发愿，所发的愿不可能兑现。"
一定如此吗？不一定。
因为还有其他的助缘，需要兼顾并重，一并考虑。

我们应鼓励年轻人真心立志。

倘若立志代表太极，有阴有阳，
那么立志做大官，是阴；立志做大事，才是阳。
立志把学问做好，不过是阴；立志把道德修养好，才是阳。
真心立志，实际上很不容易。
写作文是给老师看，写日记怕别人看，
写文告动机何在？留遗嘱也可能别有意图。
要不要立志？很难讲。
有没有作用？不一定。

"得失从缘"做得到吗？

天底下的事情，原本有得就有失，有失也有得。
好比阴阳不分离，永远分不开。
我们看到"得"，它就是阳；
这时候"失"成为阴，只是看不见而已。
得与失，依然并存。
既然有得有失，何必计较？
只要充分领悟这个道理，得失心就会减少，
烦恼痛苦也会随之减轻。

"心无增减"指的是什么？

心无增减，就是苏东坡所说的："八风吹不动。"
佛家所说的"八风"，也称为"八法"，
这就是"利、衰、毁、誉、称、讥、苦、乐"。
因为这"八法"经常煽动人，所以叫作"八风"。
看清楚，想明白，
这"八风"都是一正一负，象征一得一失。
可以分成"利衰""毁誉""称讥""苦乐"四对，
有如《易经》的四象，
由阴（失）和阳（得）互动而造成。

真的能"喜风不动"？

"喜风不动"，也包括：怒风不动、哀风不动、乐风不动。
什么都不动，便成为我们所说的"平常心"。

什么都不动，并不是没有感觉，
而是不让感觉影响我们的生活。
只要得失从缘，很容易达到"喜风不动"的境界；
倘若不能"喜风不动"，就表示还不能得失从缘。

看来重点还是在"冥顺于道"？

"冥"的意思是看不清楚、难以了解，并且无法控制。
"冥顺"相当于"暗合"，没有办法列出一张清单，
把程序和方法具体可行地写下来。
因为"道"并不是一条单行道，
甚至大到各人有不同的生存之道。
顺不顺，各有不一样的要求，也各有不同的标准。
既然随缘行，我们就应该明白：
各人的"缘"不尽相同，
所顺的"道"也不一定相似，
只能说冥冥中自有主宰，各人自作自受。

不是说"没有主宰"吗？怎么又说"冥冥中自有主宰"？

能说得清楚的主宰，就不是主宰。
说不清楚的，好比一只看不见的手，那便是主宰。
"众生无我，并缘业所转，苦乐齐受，皆从缘生。"
这就是主宰。
机会、互动、关系的变化，也是主宰。
果由因生，顺理而成，自作自受，难道不是主宰？
可能是主宰的因素很多，所以才说不清楚。

看来还是"无我"最为根本？

那当然。
我的存在，太明显了。要无我，实在很不容易。
一言一行，都是我在主宰。所有结果，都非我负责不可。
一定有我，我一定存在。
在这种情况下，要说无我，真的不知从何说起。
把我忘掉，不过是忘我，离无我还十分遥远。
但是，我们似乎可以从这里着手：
我是这个人，然而这个人并不是我。

为什么这个人并不是"我"呢？

一个人，有身体也有心灵。
通常我们只看到身体，不可能看见灵魂。
所以我们只说身心健康，并不理会灵魂健康与否。
一般来说，"这个人"指的是这个人的身体，
顶多在看不顺眼时，我们会说："这个人的心智有问题。"
至于灵魂，往往和"这个人"扯不上关系。
但实际上，灵魂才是真正的"我"。

凭什么说灵魂才是真"我"？

身体是我们的工具，
备有耳、目、口、鼻、舌五种器官，负责传送信号，
经由脑的判断，了解我们当前的处境。
但是，同样的处境，每一个人的感受却不相同，

这是什么原因？
原来我们如果仅凭外界的信号而产生感觉，不过只是"动物人"；
必须透过灵魂来加以分析，
才能成为万物之灵的"真人"。

这样说起来，大多数的人都是"假人"？

是的。
但说是"假人"，
又会引起很多误解，造成很大的争论。
我们可以比照义肢，把这种并非真我的我，称为"义我"，
应该更加容易理解。
手臂断掉了，装上一副义肢，
功能和原来的手臂也许十分相近，
但是，我们能够把这副义肢当作真的手臂吗？
当然不能，是不是？

"义我"和"真我"有什么区别？

当我们用手打人的时候，
倘若有人问："谁打的？"
我们通常回答："我打的。"
不至于回答："手打的。"
可见手是打人的工具，
打人的责任并不在手，而在于拥有这只手的"我"。
手打人，"我"负责，就是"义我"和"真我"的关系。
反过来，当手挨打的时候，我就要承受痛苦的感觉，

可见两者关系十分密切。

脑可以代表"真我"吗？

不行，因为脑只是我的思想器具。
科学已经证明，我们看不到眼外的实物。
我们在视觉神经元的内端，
也就是脑海视觉区所能够看见的，
不过是由视觉现象所形成的物像，
并非眼外的真物。

不是说"眼见为真"吗？

"眼见为真"这句话的意思，
并非指眼睛所看见的都是真的，
反而很清楚地告诉我们：把眼睛所看见的，当作真的。
因为既然看不到真的，只好以眼见为真，
把眼睛所看到的虚物当作实物，
把假象当作实象，这是无可奈何的事情。

为什么要欺骗自己呢？

"眼见为真"，就是要我们别欺骗自己，
符合儒家"毋自欺"的根本要求。
诚实地告诉自己："我们根本看不到真物。"
现代科学家也坦诚地表示：

"科学不能找到真相，它只是一条接近真相的线——
愈来愈接近，却永远不能说明真相。"

看来历史也有同样的限制？

历史经常为政治服务，不容易把真相说出来。
因而有正史，就有野史。
有人相信，也就有人老想翻案。
这种现象，符合一阴一阳之谓道，
自然而然，我们最好见怪不怪，随缘就好。

怎样由"义我"找出"真我"？

虽然所看见的，并不是真的，大家却习于眼见为真。
因为身体很容易看到，所以长久以来，
大家一直把身体当作"真我"。
现在我们既然明白身体是"义我"，并不是"真我"，
那么就应该用"灵"来辨识"义我"和"真我"。

为什么要用"灵"来分辨呢？

因为我们的知识，有正必有负。
我们所认为的知道，实际上含有不知道的部分。
孔子说"知之为知之，不知为不知"，
便是告诉我们：知识有两大部分，
一部分为"知之"，一部分为"不知"。

"知"的部分，由脑来负责；
"不知"的部分，就需要由灵来领悟。

怎么分辨"真我"和"义我"呢？

我们看一幅画，主要看什么？看灵气，对不对？
画中带有灵气，我们就说这幅画是画家的作品；
倘若画中看不到灵气，那就是画匠的成品。
我们看人，同样也要看这个人有没有灵气。
有灵气，真人；没有灵气，八成是义人。
"真我"和"义我"，分野即在于：
有没有灵气，有没有灵感，能不能灵活地自我调整。

为什么要自我调整？

"义我"只有物质，缺乏灵气。
这样的人，好比机器人——
凡事被动，很少主动；只能顺从，很不容易创造。
"真我"有灵气，很灵巧，能够适时自主地创造。
当然，自我调整也有两种：一种合理，一种不合理。
合理的自我调整，即为知命。

知什么命呢？

知道自己的命，才能够适时下达合理的命令，
使自己及时做出合理的调整，

并且随着时空的变迁而改变，做到唯变所适，
也就是合乎自然规律，
却能够自己做主，不听命于其他。

孔子说"尽人事以听天命"，是不是这样？

孔子这句话，很可能是熟读《易经》、明白易理所产生的高明智慧。
人所能控制的，不过是方向、方法和方式的调整。
至于结果如何，
实在不是我们能够控制的。
所以，只要自己问心无愧，确实已尽心尽力，
得失如何，最好都欣然接受，也就是从缘而心不动。

真的有"天命"吗？

《中庸》说："天命之谓性。"
"命"字由"口"和"令"组成，表示"命令"。
"天命"是上天（自然）所下的命令，
由于天人合一，所以表现在人的性上面。
"性"字由"心"和"生"组成，
我们心中有数，所产生的意愿，就称为"性"。
人有共性，成为人类共同的天命。
我们也有不同的个性，那就是每一个人不一样的天命。

"天命"和"道"有什么关系?

宇宙万物,不停地运动变化,构成"大道之行也"的景象。
物的运行,除了环境的因素以外,还有各自不同的目的。
这不一样的目的,即为天命。
狗有狗性,牛有牛性,代表不相同的天命。
人有自主性和创造性,也是天命。
由于这种天命使然,
因此人所行走的道路,比一般动物复杂得多,
变化多端,有时甚至难以预料。

"冥顺于道"是什么情况?

我们常说"道法自然",
并不是指在自然之外,还有一个道,
而是指道的本身,就是自然。
这里所说的"法",并不是仿效、效法,
根本就是"等于"的意思。
《中庸》所说的"率性之谓道",
就是说遵循人性的自然,也就是顺天命,
使其对于日用事物,都能够合于当然的规范,
那就是人生的大道。
"冥顺于道"的用意,道家和儒家都有类似的说法。

儒、道、释是一家?

这句话实在十分重要。

中华文化最遗憾的，便是儒、道分家，
又把释家当作外来的东西。
实际上儒、道两家，只是从不同的角度来解释《易经》的道理。
后来我们又发现，原来从印度传过来的佛教，
有很多观念都和《易经》不谋而合，
因此透过《易经》广大的系统加以包容。
如此一来，儒、道、释一家，
便构成了圆融无碍的中华文化。

能不能把"随缘行"也完整地说一遍？

"随缘行者，众生无我，并缘业所转，苦乐齐受，皆从缘生。
若得胜报荣誉等事，是我过去宿因所感，
今方得之，缘尽还无，何喜之有？
得失从缘：心无增减，喜风不动，冥顺于道，
是故说言随缘行。"

重点在去除得失心？

可以这么说。
因为人的苦恼、忧愁、愤恨，都来自得失心。
只要能够去除得失心，我们便没有烦恼，
于是得失随缘，心无增减，喜风不动，冥顺于道，
也就无我了。
然而，只要人活着，就做不到这等境界。

为什么人活着就不可能无我呢？

因为人活着，就要生活。
老子说："吾所以有大患者，为吾有身，及吾无身，吾有何患？"
身体是我们的工具，
倘若没有身体，灵魂空有理想，也无从实现。
我们要修道，就应该爱护身体，才有工具可用。
作践宝贵的性命，并不是"冥顺于道"。
爱护身体，就应该重视"义我"的喜怒哀乐，
使其发而皆中节，合理就好。

那该怎么办呢？

老子的主张"为腹不为目，故去彼取此"，
可以当作参考，进而走上无我的初阶。
因为得失心的根源，主要在于"为目"。
看来看去、比来比去，总认为自己最吃亏，
因而愤愤不平，或者看不顺眼，搞出很多不好的名堂。
倘若但求温饱，而不追逐声色的好奇，
便能够保有安足的心态。

眼睛真的那么厉害？

老子说：
"五色令人目盲；五音令人耳聋；五味令人口爽；
驰骋畋猎，令人心发狂；难得之货，令人行妨。"
青、黄、白、红、黑五色，令人眼花缭乱；

宫、商、角、徵、羽五音，使人听觉不灵敏；
酸、苦、甜、辣、咸五味，导致味觉错乱；
纵情猎取禽兽，造成人心放荡而难以制止；
稀有的物品，导致人们行为不检、社会失序。
现代人习于追求感官的刺激，
打开眼睛看世界：心就发狂了！

那么不看行吗？

不行。
最好再一次仔细想想：什么叫作"眼见为真"。
那就是原本不可能是真的，结果被眼睛看到了，还以为是真的。
这种自欺欺人的心态，务必自己修正，
才能做到不论外界怎样变化，诱惑多么强烈，
都能够心如止水，不为所动。

心态有这么大的作用吗？

有一群小孩儿，在沙滩上堆沙子。
有堆沙城的，有堆沙人的，也有堆沙车的，巧妙各有不同。
有一个小孩儿，不小心把一堆沙城给踏坏了。
堆沙城的小孩儿气炸了，
把那个踏坏沙城的小孩儿打到跪地求饶。

结果呢？

到了黄昏时刻，大家肚子饿了，想回家了。
有一个小孩儿在欢笑声中，
率先将自己辛苦堆出来的沙象踏碎、踩平。
大家看了，就像得了传染病一样群起模仿，
纷纷把自己的沙堆踩平，恢复了海滩原有的面貌，
然后大伙高高兴兴地回家去了。

心态怎么会差那么远？

人往往在临终时，才恍然大悟：
原来一切都是空的，什么都带不走。
此时，最遗憾的应该是：
为什么不能早一点儿想通？
如果能够早一点儿想通，那就还有时间补救，
不必抱着遗憾离开人世，那该有多好！
但是，来不及了，虽然有一百个、一千个不愿意，
但也只能无可奈何地死不瞑目啊！

看来"无我"还是可以领悟的。

《中庸》说：
人的本性是天所赋予的，从天命得来。
我们只要遵循天赋给我们的本性，
便能符合自然的规律，走上人生的正道。
但是人有个性，也就是人人都有不一样的个别差异，

往往在正道上走得歪歪斜斜，不是过分，便是不及。
于是修正自己，便成为人人必须坚持的功课。
毋自欺，就是不要欺骗自己，
久而久之，自然就能领悟出无我的道理。

怎样处理喜怒哀乐呢？

喜怒哀乐表示人的感情，
在尚未发出的时候，便是人性的一部分。
我们的本性之中，既然含有喜怒哀乐，
就应该加以抒发，让它自然流露。
只要"发而皆中节"，合乎节度，无过与不及，也就合理了。
不要去追求，也不必勉强压抑，
让它来去自然，人心就自在了。

运动员获奖，可以狂喜吗？

当然可以。
若是运动员获得小奖，便狂喜不止，
表示以后获得大奖的机会并不多。
狂喜一下，有何不可？
若是获得小奖不以为意，象征以后还有机会获得大奖。
历经辛苦、再三努力，终于如愿以偿。
同时心知肚明，仅有这一次，以后没有希望了。
最后一次狂喜，又有何妨？！

这是哪一家的作风？

竞赛前，必定是儒家——
准备充分，信心十足，这一次坐二望一，冠军在望。
竞赛时，自然变成道家——
怎么冒出这么坚强的对手？以前怎么没有注意到？
是不是自己水土不服？还是别人服用了不正当的药物？
管他的，管也管不了，尽力就是，保住这一条命最要紧。
竞赛后，果然是释家——
阿弥陀佛，输就输了，赢又怎么样？
一切都是空的，何必挂在心上。
回去如何面对父老？阿弥陀佛！

果然是儒、释、道合一。

当然。不合一的话，炎黄子孙就要精神分裂了。
现在的问题是儒、释、道各自强调自己的特殊性、可贵性。
三家比来比去，
都认为当然是自家牌子最老、质量最好、效果最佳。
要信，当然要正信。只有自家才是正宗的，
快来啊，不要迷失了，错跪到别家去了。

这不是分别心吗？

果然是慧眼，看得清清楚楚。
可惜旁观者清，当局者却往往真的很迷。
怕别人迷的，自己先迷。

说不要有分别心的，自己先表现出强烈的分别心。
从今而后，凡批评别家的，自己先检讨，这样不就好了。
三家合一，
才是《易经》一分为三、三合为一的高明思维。

什么叫作"一分为三"？

身体明明是真的，现在才明白原来是假的。
可是把身体看成假的，偏偏它又真的在帮助我们做事。
这么说来，到底身体是真的，还是假的？
答案是：说它是真的，它是假的；说它是假的，它是真的。
这种"一而二，二而一"的《易经》思维，
告诉我们：身体是亦真亦假，非真非假。
我们给它一个名字，就叫作"空"。

原来"空"就是亦有亦无

真了不起，果然一点就通。
华夏之光，即脑筋十分灵光，反应非常灵巧，而且动作灵活无比。
空不是无，也不是有。
空是亦有亦无，非有非无，即有即无。
用《易经》的观点来看佛家，
就像采取《易经》的思维来解说儒、道两家，
同样十分通畅。

那么人也是半真半假的？

说半真半假，实在不如亦真亦假。
因为"半"字有"一半一半""五十对五十"这种"分"的感觉，
万一合不起来，人格就分裂了，
精神也难以统一，还能做人吗？
所以"空"是亦有亦无，并非半有半无。
什么都有，也什么都没有。
不是任何一样东西，却能够变成所有的东西。
看它是无，空就是无；看它是有，空便是有。

"无所求行"，又说些什么呢？

达摩的《四行观》接下来说：
"无所求行者，世人常迷，处处贪着，名之为求。
智者悟真，理与俗反，安心无为，形随运转。"
《四行观》的第三行，名为"无所求行"。
"世人"就是活在世间的人，
而"迷"便是沉迷、入迷。
世人经常着迷的，其实是"贪"。
由于贪婪成性，所以取名为"求"。
明白事理的智者，能够洞察真相，
知道事理和世俗的认知，刚好相反。
于是安下心来，不盲目追求，以免忙碌、紧张、恐惧，
使自己的形体，随缘而转，得以随过而安。

世人常迷的对象很多，为什么说"贪"呢？

不论哪一种对象，
只要不"贪"的话，基本上并不算"迷"。
任何人追求功名利禄，或者爱好艺术、喜欢戏剧，
以及在某一方面深入钻研，
只要能适可而止，保持在合理的程度以内，便不算是着迷。
然而一旦过分的话，那就是贪了。
所以世人常迷的，不论对象为何，
总是一种贪婪。

迷一定不好吗？

那也未必。
"先迷后得"是一种好现象，
迷一阵子，跳得出来，从此不再着迷，
这样不是很好吗？
一迷再迷，执迷不悟，那当然是不好的。
最可怕的，应该是痴迷。
不但执迷不悟，还要进一步认定自己的迷并不是迷，
只有别人才迷，这才是最可怜又可笑的。

是"长迷"还是"常迷"？

不错，"长迷"和"常迷"非但同音，还有异曲同工之妙。
"长迷"就是"常迷"，
长时间着迷和经常入迷，大致上是相同的。

"长"指长时间,"常"为出现的次数十分频繁。
可能是迷的对象有一有多,并不一定相同,
而且入迷的程度也未必尽同。

一个人可能"处处贪着"吗?

《易经》的思维启示我们:
"处处贪着"并不是百分之百、任何地方都贪着。
只能说大部分贪着,依然有些地方不贪着,
这样就叫作"处处贪着"。
因为凡事物极必反,百分之百贪着,
反而很容易演变成什么都不贪着。
爱所有的人,等于不爱任何人;不爱任何人,才能够爱所有的人。
把"我爱你"挂在嘴边,逢人就说。
大概没有人敢相信。
"贪"一定"着"吗?
贪而不着,可以善意地解释为一时的好奇、喜爱,
别有用途,未必就会着迷。
"贪而不着",表示这是暂时性的,
一段时间过后,便不着迷,没有什么好担心的。
有人喜欢集邮,看到邮票就想要,
某天开始,忽然有了新的爱好,看到邮票好像没有什么感觉,
对于集邮这一件事,反而产生免疫力,不容易再着迷。

"求"不好吗?

人要生存,希望生活过得更好,

怎么能不求呢？

"求"就是"不求"，求到合理的地步，便不再求。

"不求"即是"求"，

专心一意求"不求"，当然也是一种十分强烈的"求"。

"无所求"其实就是"有所求"，

不过要掌握合理的度。

真正的说法，应该是"站在无所求的立场来有所求"，

所以还是要说"无所求"。

"站在有所求的立场来无所求"，不一样吗？

说一样，就是一样；说不一样，那就当然不一样。

"有所求"到合理的地步，和"无所求"到合理的程度，

两者是一样的。

然而"无所求"应该是"本"，"有所求"最好居"末"。

本立而道生，所以合理的说法是"站在无所求的立场来有所求"，

更加容易掌握"求"的度，使其不过分。

宁少勿贪，远比贪了才节制要方便得多。

"智者悟真"是什么意思？

"智者"指智慧高的人，对于各种知识，

不但能够搜集、整理、研判、选择，而且有能力妥当地加以应用。

经过格物、致知、诚意、正心的功夫，

终于领悟到真正懂得求的人，是用"不求"来"求"，

以避免"乱求"，造成贪婪的行为。

一个人万一养成无所不贪的习惯，

那就处处贪着，贪到入迷了。

"真"是指"真理"吗？

"真"是不是真理，谁知道？恐怕只有天晓得。
说得妥当一些，"真"应该是接近真理，但未必就是真理。
因为语言文字具有局限性，
我们无论怎样表达，充其量，都只能愈来愈接近真理。
好像是这样、大致如此，
也就是我们有意无意、脱口而出的"差不多"。
倘若坚持"真"即是"真理"，恐怕不是很妥当，
有点儿太张狂、太自大了，要特别小心。

为什么"理与俗反"呢？

"理"是"真实的道理"，"俗"是通俗的说法。
我们能够一步一步接近真理，已经十分困难。
世俗的人，缺乏长期修持的能耐，
长久以来，习惯于"望文生义、不求甚解"的态度，
还要"自以为是"地嘲笑别人，好像只有自己永远是对的，
众人皆迷，唯我独醒。在这种情况下，
真实的道理与世俗的说法，两者往往背道而驰、渐行渐远。
其实世人最大的"迷"，即在于着迷自己所相信的"真理"。

如何才能安心无为呢？

一个人只要抱持平常心、无分别心，
认清自作自受的因果律，不就安心了！
安心于无为，才能够合理地有所为，
这就是"无为"，而能收到"无不为"效果的高明智慧。
孔子主张"无可无不可"，凡事合理即可。
老子告诉我们："道可道，非常道。"
有人这样说，便有人那样讲，这样才是常理。
佛家要我们抱持平常心，尽量减少分别心，
反正各人自作自受，先安好自己的心再说，
于是安心地无为。

无为不是很消极吗？

消极就是积极，积极便是消极，这才叫作无分别心。
消极到合理的地步，和积极到合理的程度，当然没有什么不同。
你消极，大家反而积极；你积极，大家乐得消极。
母亲太会做菜，女儿就不会烹饪，这些都是常见的事实。
无为才能无不为，有为就只能为那么一点点，
到底哪一种更积极？

"形随运转"又怎么讲？

相随心转，
心怎样转，相就跟着那样转。
相貌会随着心境而转变，这是大家普遍认同的事情。

形随运转，是说我们的形体，随着运气而转变。

运气是我们身上的气，由我们自己来运。

运得好，叫作"运气好"；运得不好，即是"运气不好"。

形体改变，表示运气的好坏已经有所变化。

怎么转形比较妥当呢？

这样问就很合理。

一般人喜欢问："怎么转形比较好？"

那就不是很妥当。

因为好或不好，随时随地会改变，并没有固定的标准。

妥当不妥当？那就是概括性的原则，不受时空的限制。

安心无为，把世俗的说法调整到合理的地步，

站在无所求的立场来有所求，

说起来就是随缘转形、随遇而安，当然很妥当。

能不能举一个实例？

有一次我去理发。

理发师走过来，我先叮嘱他："我不洗头，只是理发。"

他说："一定要先洗头，我才理。"

我问他："是我做主，还是你做主？"

他说："没有办法，我不是一般的理发师，我是设计师，请你听我的。"

我说："那就换一个，要不然，我就不理。"

果然，换了另外一位，不洗头，就理发。

专业的设计师，为什么不尊重呢？

他专业，我当然尊重。
但是头是我的，钱是我出的，
我要怎么理，他当然应该尊重我的决定。
现代人很奇怪，居住的房屋要怎样布置，
得听装潢设计师或风水师的；
自己的结婚照要如何拍摄，得听摄影师的；
到餐厅吃饭，还要接受服务人员勉强安排的套餐……
重专业却不能自主，人性还有什么尊严？这就是"理与俗反"。
世俗的风气，很多是由不通事理的人创造出来的，
我们为什么一定要随俗呢？

这样岂不是我执吗？

执就是不执，不执便是执。
什么都好的人，实际上是好坏都分不清楚。
唯有仁者，能好人也能恶人。
随便接受人家的摆布，实在很可怜，连保护自己的能力都没有。
但是，形势比人强，有时候不听人摆布，就会丧失很多好机会，
此时应该权衡轻重，知所进退。
只要心中不执着，随遇而安便行。
试问：这是投机取巧吗？当然不是，而是随机应变。

"随机应变"和"投机取巧"差那么远吗？

"随机应变"和"投机取巧"长得一模一样，
犹如孪生兄弟，实在很难分辨。

中华文化主张"毋自欺",和这两种心态有十分密切的关系。
我们一定要"随机应变",但绝对不可以"投机取巧",
偏偏这两者,只有自己心知肚明,他人根本分不出来。
所以"毋自欺"告诉我们:
除了各凭良心之外,别无其他有效方法可循。

务必要随机应变,难道不是一种着迷?

问得太好了。
一个人倘若能够"此心生时,与理相应",
做到"得失从缘,心无增减",并且"喜风不动,冥顺于道",
便表示"智者悟真,理与俗反",当然就能"安心无为,形随运转"。
这时候"舍妄归真,无自无他",
且能"坚住不移,更不随于文教",
那么又何必存心随机应变呢?
因为一言一行、一举一动,无不与理冥符。
自然而然,随缘而行,这不就是随机应变了嘛。

真的能够如此简便?

经文接着说:
"万有斯空,无所愿乐,功德黑暗,常相随逐。
三界久居,犹如火宅,有身皆苦,谁得而安?
了达此处,故舍诸有,息想无求。
经曰:有求皆苦,无求即乐。
判知无求,真为道行,故言无所求行。"
果真到了心无所求之际,

随机应变根本用不着求，便自然来了。

"万有斯空"是什么意思？

"万有"指世上的万事万物。
我们通常都由于眼看为真、手摸为实，便视之为"有"。
实际上，万有都是"空"的，所以说"万有斯空"。
举纸币为例：
我们认为我"有"一张纸币，
表示具有相当价值，可以换取等值的东西。
然而，一旦战争爆发，谁都想留住东西，而不拿出来贩售。
这时候，纸币没有人要，形同于"没有"。
所有的"有"，到头来都会变成"没有"，
这不是"万有斯空"吗？

为什么"无所愿乐"呢？

"许个愿吧。"
"果然应验"，但是"转眼成空"。
有时候连许的是什么愿，都忘得一干二净。
"中大奖了，运气真好！"
不久花得精光，还欠下很多税款，被限制出境。
短暂的乐，换来的是更长久的苦恼与担忧。
"有这样的朋友真好！"
想不到机场一别，竟然天人永隔，令人悲痛至极。
既然万有斯空，一切都是短暂的，
转眼成空，还有什么值得许愿的？

又有什么乐趣值得着迷呢？

功德也不要了？

达摩的名言便是"实无功德"。
并不是说梁武帝的所作所为毫无功德可言，
而是指点梁武帝：功德和黑暗常相随逐，离不开也分不清呀！
历代帝王，即使热衷于凿刻岩石佛像，
还不是这一朝刻的，下一朝就被毁掉？
还有很多中国人刻的，外国人就把它偷走，
还美其名曰"收藏"，不承认是非法窃取。
有功德便有随之而来的后遗症。

那就不要做功德了？

《易经》第三十一卦称为"咸"卦。
"咸"和"感"相通，只差"无心"和"有心"。
存心做功德，大多会伴随后遗症，所以"实无功德"。
不存心做功德，做到无形无迹，
当然就不会有什么后遗症，
《易经》称之为"无咎"，当然有功德。
捐献金钱物质，倘若具名，
大家必然多方猜测，是不是有什么企图，
还是想要回哪些东西。
如果用"无名氏"，大家认为动机纯正，
反而不会产生任何猜疑。
然而现代一些人，

却对无名氏也加以追踪，使其暴露身份，
实在是无聊之举。

"三界"指的是哪三界？

"欲界、色界、无色界"合称三界，
都是凡夫俗子生死往来的境界。
修行者当以跳脱三界为目标，不断地用心精进。
"欲界"指我们内心的需求、欲望。
"色界"即外在的种种事物，对人造成很多的诱惑。
然而在逃脱"欲界"和"色界"之后，
有些人却又执着于"空"，对任何事物都不动心，
陷入了"无色界"之中。

为什么说"犹如火宅"？

无论欲界、色界、无色界，都像是着了火的房子一样。
住在里面的人，苦不堪言。
"久居三界"有如长期住在火烧的宅子，
不但身受其苦，而且心不能安，
所以说："三界久居，犹如火宅，有身皆苦，谁得而安？"
明白这个道理之后，最好能舍弃诸有，
减少愿望、需求，以期止息妄念，
真正走上修道的大道，
也就是达到"无所求行"了。

舍弃一切，人还活得了吗？

什么都不要。
立志，不要；愿望，不要；物质，不要；金钱，不要；
生存，不要；生活，也不要。最后，人就活不下去了！
所以"舍弃诸有，息想无求"，还必须保留一项"真为道行"。
为了行道，保持合理的需求、愿望、物质和精神，是有必要的。
但是，行道为本，其他的都是末。
必须知所先后，不能舍本逐末，这样就对了。

为什么"有求皆苦，无求即乐"呢？

人只要活着，便不可能完全无求。
有求无求都是求，不过是程度有所差异而已。
"有求"含有贪婪的意思，
有了还要贪求更多，好了还要贪求更好。
由于在现实的环境中，大多资源不足，而且机会有限，
所以有求经常不能如愿，让人甚为苦恼。
"无求"就是知足，因而能够常乐。
有求皆苦，但大家习以为常，所以觉得人生是苦的。
知足常乐，大家也都知道，却行不出来。
这是自己应该好好反省的地方。

"称法行"又是什么呢？

经文说：
"称法行者，性净之理，目之为法。

此理众相斯空，无染无着，无此无彼。
经曰：
'法无众生，离众生垢故；法无有我，离我垢故。'
智者若能信解此理，应当称法而行。
法体无悭，于身命财，行檀舍施，心无吝惜。
达解三空，不倚不着，
但为去垢，称化众生而不取相。
此为自行，复能利他，亦能庄严菩提之道。
檀施既尔，余五亦然。为除妄想，修行六度，
而无所行，是为称法行。"

"法"是什么？

"法"在佛家，泛指一切事物。
不论大小，有形或无形，都称为"法"。
有形的叫作"色法"，无形的即为"心法"。
要了解法，必须先认清"六根"和"六尘"。
"六根"指的是我们的"眼、耳、鼻、舌、身、意"。
眼为视根，耳是听根，鼻即嗅根，舌就是味根，而身则是触根，
意即为念虑的根。
"六根"生出"六尘"，
称为"色、声、香、味、触、法"。

"称法行"是什么意思？

"称"是对称。
"法"在这里并不是泛指一切事物，而是我们常说的"方法"。

"称法"是指合乎方法。

"行"即行为，依法而行。

达到方法所提示的方向、程序、标准，那就是如法而行的表现，叫作"称法行"。

"称法行"要实践用什么方法呢？

"性净之理"，"净"即清净，使我们的心性清净，
能净化心性的道理，便称为"性净之理"。
其被我们"目之为法"，也就是视同为我们所要实践的方法。
当然就不应该只是一种理念，而是应当表现出实际的行为。
所以"性净之理"便是我们"称法行"所要实践的方法。

"性净之理"的内容呢？

"此理众相斯空"，表示性净之理，具体表现在"众相斯空"。
不论有相无相，都看成空。
既没有相貌，也没有形象，更没有表象，
把所有的"相"都看"空"了。
于是"无染无着"，不但没有染，也不会着。
"无此无彼"，没有你我、这那、上下、高低、大小的念头，
不就没有分别心了吗？

这样很好，但是太难了。

这句话至关紧要，大多数人就是这样把自己难住了。
人活在世间，原本什么都没有，
现代事物却愈来愈多，可见一切一切，都是人想出来的。
"心想事成"，其实并不是一句祝愿语，
根本就是一种说明事实的陈述语。
人一旦有了"这样很好，但是太难了"的心思，
根据"心想事成"的法则，怎么可能不成为事实呢？

相信它能够付诸实践，也能心想事成？

当然。
依据"一阴一阳之谓道"，
我们的心性只有一阴或一阳两种性能，一为喜欢，一为厌恶。
两种性能交错互动，产生各种变化，才造成许多不同的反应。
心性有了反应叫作"染"，养成习惯就是"着"，也称为"执着"。
心性要不染，实在不可能。
但是，我们至少可以不着。
不要相信，也不要不相信。
先试试看，再调整一下，用正来取代邪。
培养新的习惯，以取代旧的习惯，
很快便能心想事成了。

为什么《易经》、儒、道、释的道理会彼此相通呢？

因为它们有共同的老师，它们原本就是同门师兄弟。

它们共同的老师，名字就叫作"大自然"。
同门的意思，就是共同遵守大自然的法门。
殊途而同归，正是《易经》、儒、道、释相通的写照。
为了研究、分析、说明，可以暂时分开来，
然而一旦在生活当中实践，自然要合在一起，才不会矛盾。

孔子怎么说"空"的？

"无可，无不可"，是孔子的核心观念。
适可而止，不就空了？
人不可能没有欲望，生活必然会有一些需求。
尽力而为，尽人事以听天命，
便是看空得失，只重视过程，却不计较结果。
现代人却刚好相反，一天到晚看结果。
看到死才明白，结果原来人人都一样，
实在太可怜了！

老子怎样看"空"呢？

老子的核心思想是"自然无为"。
清静无欲，治大国若烹小鲜。
老子认为：
"五色令人目盲，五音令人耳聋，五味令人口爽，驰骋畋猎令人心发狂。"
充分领悟《易经》"动极则静，静极而动"的道理，
因此倡导以静待动、以逸待劳，并且柔弱而不争。

为什么"法无众生"呢?

因为有"我",所以才有"众生"的观念。
把自己和众生分别开来,
认为自己知道了,众生还不知道。
认为自己开悟了,众生还早得很。
认为自己有责任要度众生,
却不明白这根本就是分别心,证明自己也还早得很。
有了性净之理,便不应该有众生,
因为离开了众生的染着。
也不应该有我的执着,
等离开我的尘垢,便发现无我了。

为什么法体无悭?

"悭"指度量狭小。
一般人的体,称为身体。
因为未修之身,当然无法跟已修之身相比,
否则我们为什么要修?又修些什么?
把原本染着了度量狭小的身体,修成无悭,
也就是不再度量狭小,使其成为依法而行的法体。
"法体无悭",可以说是称法而行的一种状态。

"于身命财"说了些什么?

是不是"法体无悭"?并不是说了算的,
必须通过检验,逐一加以证实。

然而，我们要从哪些地方检验呢？

可以从身体、生命和财物这三个方面，分别逐一确实检验。

如果三样都通过了，便可称为"三空"。

实际上，"三"代表全。

无三不成礼，人生的一切，可用身、命、财来概括表示。

一切都空，自然法体无悭。

"行檀舍施"如何才能"心无吝惜"？

佛教尊称以财物、饮食供养佛寺或出家人者为"檀越"。

"行檀"可以说是行布施，

能够心无吝惜，才能证明真的是"法体无悭"。

至于如何才能心中没有吝啬，也不会不舍，

那就要看我们能不能"称法"了。

与法相应，互相对称，当然可以心无吝惜地布施。

做到"施恩慎勿念"，才叫作"真发心"。

什么叫作"达解三空"？

"三"代表一切。

汉朝司马迁在熟悉易数之后说："数始于一，终于十，而成于三。"

可见他已经充分领悟老子所言的"道生一，一生二，二生三"的深意，

因此归论出"三即一切"的道理。

"三空"便是一切皆空，

达到这种境界，便能够解除空的困惑，

既空又不空，不空自然空，

那就是"达解三空"。

空与不空，原来也是"一而二，二而一"啊。

阴阳既不是两样东西，也不是合为一物，
而是既能分也能合，可以合也可以分。
在无可无不可当中，从"一就是一"和"二便是二"的互动下，
使炎黄子孙产生"把二看成三"的《易经》思维。
原来一切的一切，都是"一而二，二而一"。
对于中华民族来说，这样的领悟实在太珍贵了。
可惜现代人执着于二分法思维，把原本灵活的思维箍得死死的，
还自以为是，简直是自寻苦恼！

"不倚不着"即为合理的"倚着"，对吗？

当然如此。
不就是要，要就是不要，
这样的思维对于炎黄子孙来说，实在太熟悉了。
阴中有阳，阳中有阴。
不倚不着，便是不偏不倚，
表示合理的偏离，以及合理的依靠。
因为"不偏离"，即为"合理的偏离"和"合理的不偏离"，
两者的平衡点，正是"空"的状态。

怎么说"但为去垢"？

我们行布施，为的是什么？
布施的人，那就是存心求好报；
被布施的人，是不是贪图获得礼赞和欢喜？

心中念念不忘布施这件事，还不如干脆不布施，
以免徒增困扰，使心性更不清净。
"但为去垢"告诉我们：行布施要和不行布施一样，
不为布施，但为自己的心性去除尘垢。

为什么"称化众生而不取相"？

"称"是对称，
表示还是有心在比对，看看相称不相称。
"化"是解除比对的心态，
自然而然，把所有不同的都化解掉，成为相同。
众生各有不同的相，不取相、不住相，即等于无相，
于是有相、无相合而为一，
便是"称化众生而不取相"。

为什么要"不住相"呢？

因为我们修行，原本是为自己，而不是为他人。
把自己修好，才是自行的目的。
他人修不修、修不修得好，那是他人的事，
我们管不了，也无法管。
这是不是独善其身呢？
不是。
独善自身，才能产生无心之感，使他人获得某些感应，
因而也领悟到独善其身的重要，
各自独善其身，不就是兼善他人了吗？

自行才能利他？

这是自然感应的道理。
我们管自己，并不是自私。
我们管他人，要求大家都自行，那才是自私。
怕吃亏、不喜欢他人占便宜，根本就是偏差的心态。
人人自行，各人走各人的路。
只要合乎道德，各凭良心，
便是"此为自行，复能利他"。

什么叫作"庄严菩提之道"？

我们常说的"菩萨"，是梵语的简称，全称应该是"菩提萨埵"。
"菩提"便是觉，"萨埵"表示有情。
"觉"即觉悟，既自觉又觉他，所以有情。
"菩提之道"，便是觉悟之道，也就是成佛之道。
觉悟佛道的正智，称为"菩提"。
"庄严"即庄重严肃，在这里当作动词，
能够使菩提之道，庄重严肃地显现出行的效果。

"檀施既尔"是什么意思？

"檀施"即是行檀，也就是行布施。
"既"为既然，"尔"是如此。
"檀施既尔"，是指行布施既然如此，能够自利利他，称化众生而不取相，庄严菩提之道，
其余五种尘垢，应该也可以洗净了。

所以接着说："余五亦然。"

"修六度"是为了去除妄想吗？

正是。

"六度"指六种可以从生死苦恼的此岸，度到涅槃安乐彼岸的法门。
也就是布施、持戒、忍辱、精进、禅定、般若。
布施能度悭贪，持戒能度毁犯，忍辱能度瞋恚，
精进能度懈怠，禅定能度散乱，般若能度愚痴。
"修六度"是为了去除自己的妄想，
所以说"此为自行"，完全是在修治自己的行为。

梁武帝建庙、印经、供养和尚，达摩说他毫无功德，是不是和武帝的妄想有关？

建庙、印经、供养和尚，当然有功德。
只是由梁武帝自己说出来，那就没有功德了。
当年梁武帝和达摩见面，倘若不急于表功，
只说自己学佛，是为了去除妄想，
而所有建庙、印经、供养和尚，也都是出于这种念头，
完全没有利他的想法，
达摩很可能会这样说："固然是为了修己，也连带地利他，有大功德。"

怪不得大家都喜欢说虚假的话。

这就严重了！
说假话顶多蒙骗一时，很快就会被拆穿，毫无作用。
何况像达摩这样的高明人士，怎么骗得了？
实实在在，诚诚恳恳，是修行的基本。
然而动机纯正与否，必须经得起考验。
为了出名，为了提高自己的社会地位，
为了表示自己有办法，甚至为了赎罪，当然就毫无功德。

"无所行"是什么意思？

一阴一阳之谓道，无所行即有所行。
有所行为而觉得自己无所行为，才是真心。
有目的为他而有所为，就等于无所行。
为什么我们常提高警觉，认为"礼多必诈"？
便是有所行令人觉得虚伪。
若是从内心所发出的礼节，相信没有人会起疑。
心中没有妄想，自然而然地表现出某些行为，即是"无所行"。

那么，"无所行"就是"称法行"吗？

"无所行"要和上面的"为除妄想，修行六度"联结起来，才是"称法行"。
为了去除自己的妄想，持续地修行"六度"，
并不是为了自我标榜、施舍别人，而有所作为，
这才叫作"称法行"。

《四行观》是用来行的吧？

达摩对"行"特别重视，知而不行，等于不知。
行是每一个人要自己去做的，谁都代替不了。
把行当作自己的责任，以"毋自欺"的心态，并且下定决心，
从现在开始行，才能够行之有效。
最好每天读一遍《四行观》，反省一下自己做到了多少。
倘若能够不断精进，相信必然会有良好的效果。

这么一部经就够用了吗？

这不是够用不够用的问题，
有没有真正知行合一，才更为重要。
经典是去除妄想的药方，
释迦牟尼佛祖并不是故意讲出那么多经典，
而是因材施教，对不同需求的人，
讲出不一样的经文，内容则是一贯的。
我们用不着每一部经典都读，因为一理通、万理通，
一部经典读通了，其他的经典，应该也就通了。

不读《四行观》，改读其他经典有效吗？

当然有效，
因为每一部经典，都是道的出入口。
达摩把入道的法门，归纳为"理入"和"行入"两条途径。
"理入"是由教理来入道，所以出现很多经典。
《四行观》是"行入"，却没有脱离理性的思虑，

可以说是理行合一。
这种合而为一的思维，和《易经》十分相合，
应该是中华文化带给达摩的最佳礼物，
使他成为中华禅宗的始祖。

达摩的特色是什么？

应该是反问法。
我们回想慧可的第一课，
他对达摩说："我心不安宁，请求师父替我安心。"
达摩说："把你的心拿来，我替你安。"
慧可回答："根本找不到心。"
达摩说："我已经把你的心安好了。"
用意在告诉慧可，他的真心是常安的，不用再去安了。
达摩要慧可拿心来，是一种反问，
意思是：拿得到吗？拿不到，连找都找不到。
因为他所说的心，根本是虚幻的。
慧可一下子被点通了，体悟到自己的真心。

达摩教出了哪些好学生？

这句话问得令人很不安，不合乎禅的味道。
达摩并没有教，他不自认为是老师。
别人自认是他的学生，他不便否认，怕伤害到别人。
达摩不像现代人那样，称呼自己为老师，
人是要自己悟、自己学的，怎么教得出来？
老师、老师，是别人叫的，不适合自己叫自己。

那达摩怎么找接班人呢？

达摩问一个名叫道副的人："有没有得到什么悟境？"
道副回答："依我的观点，我们应该不执着于文字，也不舍弃文字，最好是把文字当作一种求道的工具，好好地加以运用。"
达摩听了之后说："你只得到我的皮。"
后来达摩当然没有选道副当接班人。

还有谁是接班人选呢？

有一位名叫道育的人说："地水火风原本是空的，叫作四大皆空。色、受、想、行、识五者也非实有，称为五蕴非有。
我的领悟是：整个世界没有一法存在。"
达摩笑着说："你得到了我的骨。"
当然，接班人也不是道育。

达摩是怎么找到慧可的？

慧可向达摩行了一个礼，然后就站在那里不动了。
达摩说："你得到了我的髓。"
于是便选择慧可作为禅宗的第二祖。
慧可便是神光。
他是不是读过老子所说的"知者不言，言者不知"，或者孔子的"天何言哉？四时行焉，百物生焉"？
我们真的不知道。

有皮、有骨，也有髓，那肉是什么？

有一位尼姑说出了她的心得："依我的看法，就像
庆喜看到了阿閦（chù）佛国，一见便不再复见。"
达摩回答说："你得到了我的肉。"
这一问一答，到底是在说些什么，
恐怕只有当事人明白。
服不服气？其实并不重要，
因为是达摩在选人，一切由他负责。

后来也是这么传的？

慧可得到衣钵，成为禅宗二祖。
某一天，有一位年过四十的居士来见慧可。
居士说："弟子患了很重的风湿病，请师父替我忏罪。"
慧可说："你把罪拿来，我替你忏。"
居士回答："我找了半天，却找不到罪。"
慧可说："好，我已替你忏完了罪。"
这位居士后来出家做和尚，
改名为僧璨，日后成为禅宗三祖。

第四祖呢？

有一天，一位年轻的和尚向僧璨礼拜。
和尚说："请师父慈悲，教我解脱法门。"
僧璨反问："是谁缚了你？"
那位和尚回答："没有人缚了我。"

僧璨说："那么，你为什么还要求解脱法门呢？"
这位和尚大悟，后来成为禅宗四祖，即道信大师。

这不是题库吗？

往昔信息的传递十分困难，
不像现代这么方便，所以并没有题库的概念。
大家秉持达摩的精神，一直依样画葫芦，不敢稍有逾越。
后来传到六祖惠能，才有所突破，
展现出可以普传的中华智慧。
使禅的生活智慧成为炎黄子孙的顿悟法门。

惠能是谁？

唐太宗贞观十二年，也就是638年2月8日子时，
惠能出生于广东新州，俗姓卢，从小丧父，由母亲抚养长大。
迁居南海，以卖柴为生，根本没有机会读书识字。

他怎么能够成为六祖呢？

有一位陌生人，送给惠能十两银子，作为他母亲的生活费用，
并且劝他到黄梅去参拜五祖弘忍，专心学佛。
惠能辞别母亲，走了三十多天的路，终于见到弘忍。
弘忍问他："哪里人？到这里做什么？"
惠能回答："弟子是岭南新州人，此来拜你为师，是为了成佛，别无其他目的。"

弘忍接受惠能的请求吗？

弘忍认为惠能质朴无邪，十分纯真。
但依然采用禅宗特有的反问法："你从新州来，是南蛮之人，如何能成佛？"
惠能有话直说，毫不保留："人虽有南北之分，而佛性岂有南北之别？"
我的形体虽与你不同，但我们的佛性又有什么差别呢？

惠能没有机会读书，为什么开口就能说文言文？

我们不要忘记，白话文的历史很短。
惠能生活的时代，大家开口都是文言文。
他没有读书、不识字，但是张开耳朵，到处所听所闻，无非文言文。
何况那时候的媒体，不像现代这样复杂，如此杂乱。
当时的传播，离不开教化，
因此脱口而出那些现代人说不出来的文言文，并不稀罕。

弘忍受得了惠能的直来直往吗？

弘忍心胸广阔，并无分别心。
听到惠能的回答，就已经知道来者是可造之材。
但是弘忍身边许多年轻的徒弟，
却对惠能十分不屑，视他为乡下人，
嫌弃他什么都不懂，居然还敢这么没礼貌。
弘忍也不便多说，就吩咐惠能到后院去做粗活。

对可造之材这样安排，有什么用意？

太好了，有这样的疑惑，才是有中华文化的智慧。
因为出乎意料的安排，往往有更为深刻的用意。
弘忍为了保护惠能的安全，长期把他冷落在后院工作，
等待时机成熟，才在夜深人静的时候，
把衣钵传给惠能，并且叮嘱他：
"现在你已经成为禅宗第六代传人，望你好自为之。"

当时惠能的情况如何？

五祖弘忍传衣钵给惠能，是在661年，
那时惠能只有二十三岁，依然是个俗人。
没有上过禅学，也不曾接受过最基本的佛理教育。
然而弘忍实在是慧眼独具，
深知惠能已经彻底悟道，非其他弟子所能及。
在极度保密的情况下，送惠能南行，
交代他暂时隐蔽，不要急于公开说法。

六祖惠能是不是吓坏了，所以从此不再传衣钵？

当然不是。
六祖一方面谨遵五祖的吩咐：衣钵传法很容易引起争执，不如以心传心；
另一方面他明白：
顿悟和渐悟都是悟，条条大路都可以入道。
既然如此，传不传衣钵，又有什么意义？

因此到六祖为止，便不再以衣钵传人了。

惠能的方法又是什么？

惠能在江南隐蔽了十五年。
在这段时间，一定下了很大的功夫，务求实至名归。
但是既然要隐蔽，就不能留下痕迹。
一直到676年，惠能深知时机成熟，
才开始他的点化生活。

第一场的场景如何？

有两个和尚，看到旗子在风中飘扬，便展开一场辩论。
一个说是风在动，另一个说是旗在动。
惠能说："不是风动，也不是旗动，而是你们的心在动。"
在场者莫不大为惊讶。

有一位印宗法师，和惠能谈论一些经典奥义，惠能的解释令他心服，
于是便向大众介绍惠能：
"这位居士非常高明，听说五祖的衣钵南传，应该就是传给他吧。"
惠能点头说是，
印宗法师便请他把衣钵拿出来，让大家参拜。

生活智慧

我们只有一个地球,
西方人观察这个地球,
看出一分为二、二分为四、四分为八等现象,
把学问一分再分,分得支离破碎,
实在难以整合。
中华民族观察同一个地球,
却悟出一生二、二生三、三生万物的道理。
简单明了,而变化无穷。
生生不息的学问,才值得我们去追求。

怎样生活呢？

人生在世，既来之则安之。
最要紧的是生活，应该不慌不忙、不急不缓，
在安定中求进步，凡事适可而止。
生活要安定，就需要人情，
大家在和谐中互通心意，充满了彼此的情谊。
人情最重要的，即为合理。
所以合理成为人生的主要条件，便是我们常说的中庸之道。

这不是儒家思想吗？

这是《易经》的道理，
孔子读通了，把它说成大家都能明白的话，
既便于流传，也经得起严格的考验。
长久以来，中庸之道已经成为中华民族的文化基因。
相信只要我们的文字、语言，持续地流传下去，
中华文化便能够生生不息，
中华民族也就万古长存，与地球同寿。

基本要旨是什么？

只用一句话就说清楚了，那就是"人禽之辨"。
我们生而为人，只要活着，便应该和禽兽有所不同。
凭这一点悟性，我们就具有佛心，人人都可以成佛。
儒家的说法是："尧何？人也。舜何？人也。"

我们同样是人，都有成为尧舜的可能性，
千万不要自暴自弃。

道家的说法又是什么？

老子的主张是"贵身"，
希望我们爱护身体，使其能与心灵充分配合。
爱护身体，即是爱惜生命。
爱惜生命，才能获得心灵的开放。
道家由养生入手，让我们体会到：
道有可以说的，有很难说的，更有不可言说的。
随着各人的道缘，产生不同层次的认识，
各有不一样的造化。

佛教对中华民族有什么贡献？

儒家的王道政治，建立在重视今生今世的生命理论上。
原先表现得忧国忧民的人士，一旦大权在握，
就难免会为了追求功名利禄而不顾百姓死活。
幸好佛教带来"轮回""报应"的观念，
使大家对来世有所警惕。
在某种程度上，加强了大家对修己安人的重视，
可以说是为王道政治注入了一股新的力量。

轮回的观念那么重要吗？

当然。
很多人不相信轮回，
认为这一生一世，死了就一切了结，
所以只顾生前的享乐，不怕死后有何后果。
这样的心态使人无所顾忌，做人做事不择手段，
不顾廉耻，甚至不怕死。
实在令人心生恐惧，不知如何对应。

不怕死有什么不好？

这不是"好不好"的问题，
而是"好死、不好死有所不同"才值得我们深思。
为国捐躯，为正义而死，当然要发扬不怕死的精神。
至于平日生活，
则须念及"身体发肤受之父母，不敢毁伤"的教诲。
这时候当然要重视性命，怎么可以轻言不怕死呢？

"道家"和"道教"有什么分别？

"道家"是一种思维方式，要我们认识道，
并且在日常生活中体会，从实践中提升自己的道行。
而"道教"为什么创立？如何构成？有哪些特殊需要？
我们最好尊重道教的说法。
就好比我们尊重佛教对大家的宣示那样，
只管我们自己要不要信，要信到什么程度。

对他人不应该加以批评和指点。
因为我们不够资格，也没有这样的权利。

儒家是儒教吗？

孔子一生最重视教化，但并没有做出把儒家当作儒教看待的宣示。
孔子是至圣先师、万世师表，怎么可能会当儒教的教主呢？
我们从佛教后来居上的情势来看，
中华民族有信仰却没有宗教的特性，应该十分明显。
拿道教和佛教来比较，
佛教的宗教气氛要浓厚得多，这点不难有所体认。

《易经》又是什么说法？

儒家从儒家的观点来解说《易经》，
道家站在道家的立场来诠释《易经》，
都说得头头是道。
倘若佛家也依佛法的精神来解读《易经》，想必也会十分贴近。
易道广大，无所不包，成为儒、道、释融合的大平台，
缔造了生生不息的中华文化。

禅宗所传的道是什么？

"教外别传，不立文字，直指人心，见性成佛。"
对于这四句偈语的解读，并不能过分执着于字义。
对于喜欢望文生义的人士，

最好能够重视心的直证，发挥高度的悟力。
开悟到什么地步？
完全是一种各人"心中有数"的经验。
用现代的话来说，便是充分展现出个性化。
无法求得一致，也不必求得一致。

为什么要"教外别传"呢？

宗教必须通过经典的诵读和体验，使教徒开悟。
然而除了读经之外，还有其他法门可以促使教徒开悟。
而这种开悟，通常是内发的，无法以外力勉强达成。
经典的功能，应该是唤起人们内心的自悟。
不认识字的人，听闻他人诵经，也能够从心中发出某些感悟，
用不着我们多操心，因为毕竟是各人自作自受。

"不立文字"岂非放弃经书？

当然不是。
禅宗也留下许多文字，否则我们怎么知道来龙去脉。
"不立"的意思，并不是不要，而是不能执着。
不能站在那里不动，或者死咬着文字，
变成文字的奴隶，使人丧失了自性。
文字是工具，我们才是主人。
六祖惠能说过："如果真的抛弃文字，连'不立文字'也应当抛弃，因为这四个字也着了文字相。"

"直指人心"是哪个心？

问得太好了。
六祖说：倘若自性像国王，心便是国土和臣子。
意思是：自性是心的本体，心却是自性的作用。
在我们内在的王国里面，
国王是绝对的至善，只可惜臣子有时不一定忠实。
如果臣子能够谨守本分，整个王国便会享受到和平之乐；
若是臣子叛变，整个王国便会崩解破裂。

六祖是如何悟出这样的道理的？

六祖在不识字的时候，听到有人诵读《金刚经》，
其中有一句"应无所住而生其心"。
因为他不识字，所以既不会望文生义，
也不至在这几个文字当中打转。
他并不只是用耳朵听，而且是用心听，所以悟出了其中的道理。
惠能说："我们只要把握这个原本清净的心，便可以立刻成佛。"

我们同样有心，为什么成不了佛？

我们的心是变动的。
有时候善，有时候恶；有时候清净，有时候不清净。
有时候迷，有时候悟；有时候正，有时候邪。
不是不能开关，而是开关失灵，自己把握不住。
什么时候能把失灵的开关修理好，
经由《大学》所说的"止、定、静、安、虑、得"的自我修炼，
便可以见性成佛了。

为什么说"见性成佛"呢?

我们的自性,原本是善的。
我们的行为,有善也有恶,有正也有邪,有时好有时坏,
这是心的作用。
心不配合自性,常常擅作主张。
主要原因,即是我们通常由心摆布,却不能见性,才会这样摇摆不定。
倘若明白自性,
使心的作用受到自性的引导,
自然就能悟出真理,当下成佛。

这和儒家的主张,好像十分相近。

真理是唯一的,
不会因为"分"的原因,便把真理割裂了。
儒家、道家、释家的分别,
只不过为了方便研究,提供了不同的入口。
然而,最后所揭示的真理只有一个,
那就是"道"。
六祖在不知不觉当中,
已经把儒家、道家和释家的思想熔于一炉了。

六祖怎么会这样高明?

六祖有一首诵偈:
"心平何劳持戒?行直何用修禅?恩则孝养父母,

义则上下相怜。让则尊卑和睦，忍则众恶无喧。
若能钻木取火，淤泥定生红莲。苦口的是良药，
逆耳必是忠言。改过必生智慧，护短心内非贤。
日用常行饶益，成道非由施钱。菩提只向心觅，
何劳向外求玄？听说依此修行，天堂只在目前。"
其内涵，是不是儒、道、释共同的要求？
当然高明之至！

惠能和达摩有什么关系？

中华民族实在非常重视关系，
我们常说的"有关系没关系""没关系有关系"，
居然被严重扭曲、错乱掉了，至为可惜。
惠能和达摩当然有密切的关系，
可以说没有达摩就没有惠能。
达摩开创出中华禅宗，惠能集其大成。
炎黄子孙重视本源，不敢忘本，
所以我们每思及禅宗，必然就会想起达摩。
没有达摩的开创，惠能怎么能集大成呢？

惠能之后还有哪些高明的禅师呢？

惠能不再传衣钵，
象征人人都可以承接中华禅宗的精神，
然后发挥各自的特性，
这就是中华文化"持经达变"的特色。
石头希迁禅师在描述这种心境时说："宁可永劫受沉沦，不从诸圣

求解脱。"
既然没有任何外在的力量能够让我们解脱，我们只好靠自己了。
这也是儒家反求诸己的主旨，
即使解脱不了，也不怨天尤人。

用什么方法自求证悟呢？

"公案"的运用和"坐禅"，是通用的方法。
"公案"指公共文案，表示古代某一禅师与和尚之间的问答，
或者某一禅师提出的陈述或问题。
后来用以帮助根器比较薄弱的弟子，
在心中造成禅意识，就像不成文的法范，可供大家演练。
"坐禅"则是静坐默想的功夫，
可当作修养精神的方法，与公案两者并用，
成为禅的证悟工具。

可否试举一个公案的例子？

二祖慧可向达摩表达他的心不安。
达摩回答："把你的心拿来。"
慧可说："根本找不到心。"
达摩说："我已经把你的心安好了。"
这就是公案。
既不是谜语，也不是推理。
既不是哲学，也并非玄学。
只是以心传心，传得了就是禅，传不了就一时悟不透。

倘若不经考虑，便现出自己的本来面目。
若是临近开悟的边缘，经过这么触点，
即能当下悟道，这才叫作禅。

听说知识太多的人开不了悟。

这是真的。
往昔禅师是自修的人士，
不曾进入学堂接受一连串的教育，
也不曾做过一连串的研究。
反而更接近自己的真面目，更容易开悟。
现代人追求知识，把自己的脑袋塞得满满的，
有了太多的答案，却根本打不开心扉，
怎么能够开悟？

禅师不需要老师吗？

当然需要，只是老师不能太热心，样样帮助学生。
老师只能在必要时点一下，以鼓舞学生内心的迫切需要，
然后靠学生自己来完成他自己。
现代的老师对学生的帮助，往往超过学生的实际需要。
通过各种视听教材，有时还要补习，
弄得学生忙碌不堪，怎么会有感应的能力呢？

合适的老师到哪里找？

"年少慎择师"，永远是必须重视的原则。
慧可博览群书，对于儒、道两家都有所体会。
听到达摩在少林寺面壁，赶紧前往参见，
这就是慧可的诚心。
慎择良师，才会有后来的成就。
现代父母也十分热衷于替子女选择老师，
可惜却是以拿高分、能考上理想的学校为目标。
倘若明白真相，就知道父母是好心却做了坏事。

达摩为什么是好老师呢？

达摩知道学术式和哲学式的佛学，在中国已经流行多年。
他冷眼旁观，发现佛教的实在精神并没有被显现出来。
于是他不用口头传播，改采身体力行的方式传布。
我们可以说他是不通华语，又未获得梁武帝的赏识，
所以不得不如此。
但是，达摩避开自己在传播上的弱点，
发挥自己的优势，实在是深具慧心啊！

有没有初学者的公案？

有人问赵州禅师："达摩祖师西来有什么用意？"
赵州回答："庭前柏树子。"
又问："和尚是不是将境示人呢？"
赵州回答："我不将境示人。"

再问:"如何是祖师西来意?"

赵州回答的还是那一句:"庭前柏树子。"

公案并不能用常识来进行推理。

我们要在内心深处,

去体会赵州在说"庭前柏树子"这句话时的心境,

自然能以心传心,有所领悟。

有没有比较容易了解的?

有一位想要求道的人,拜别双亲,到四川去寻访无际菩萨。

半路上,遇见一位老和尚,问他:"你要去哪里?"

求道者老实回答:"想要去当无际的弟子。"

老和尚说:"与其去找菩萨,还不如去找佛。"

求道者吓了一跳:"哪里有佛?"

老和尚说:"你回家时,看到有一个人披着毯子,穿反了鞋子前来迎接你,记住,那就是佛。"

这位求道者谨记在心,

当他回到家时才顿然觉悟,原来母亲便是佛,

于是专心侍奉双亲,并注了《孝经》。

这不是道家的故事吗?

对呀!

道家也可以有禅的味道。

这位老和尚就是无际菩萨,而那个求道者即为杨黼(fǔ)。

道家运用佛家的智慧,来宣扬儒家的伦理,

正是儒、道、释三家合一的中华精神。

既然没有分别心，就不必再分彼此。
学者居于研究的方便，各自设立领域，
但不必为了抬高自己而贬低别人。

打禅坐真的有帮助吗？

《大学》说"定而后能静"，
现代人能动不能静，主要在于定不下来。
什么定不下来呢？志向定不下来。
我们忙于比来比去，却舍不得丢弃，变得什么都想要。
漫无目标，做这个想那个：读数学想理、化；
坐下来想站着；站着时又想坐下来。
在这种瞎忙的时代，怎么静得下来？
所以打禅坐对于现代人而言，就显得特别重要。

静才能悟吗？

有一位修道之人，在破庙的废园中除草。
他抛掷一片片破瓦，碰击到旁边的竹子，发出声音。
他听到这种声音，忽然顿悟了。

静并非代表没有声音，然而有声音当然不静。
我们不可能找到完全没有声音的地方，所以我们需要的是静心。
听所有的声音，却不只听单一的声音，也是一种静。
在废园中除草，心不杂乱，当然也是静，
于是瓦片击竹的声音，也能引起顿悟。

现代人静得下来吗？

现代人忙于享受生活，
对烹调的美味、舞蹈的优雅、音乐的美妙，
以及各种感官的刺激，热衷又沉迷。
把自己的眼睛、耳朵和嘴巴，安排得没有丝毫的空间，
还要加上手舞足蹈，当然静不下来。
在这种知动不知静、能动不能静的大环境下，
更需要禅坐来协助静心。

现代人如何才静得下来？

现代社会，大家忙成一团，愈忙事情愈多。
现代管理，样样都要计较，事事都不能放松，大家都觉得压力很大。
在这种情况下，已经不是忙里偷闲，
或者周休二日、休闲郊游所能够舒解的。
我们需要的，反而是适可而止。
不要只想着做事，不要整天使自己忙着。
坐下来，先做自己。从这里开始，自然静得下来。

怎么做自己呢？

我们整天想做这个、做那个，就是不做自己；
关心这样、关心那样，反而不关心自己；
和这个谈话、和那个通信，从来不和自己对谈，
仿佛把自己当作仇人或敌人一样来对待。
我们最常做的一件事便是"整自己"，

好像非得把自己整垮，
才认为自己已经尽心尽力，无愧于天地自然。

为什么会不关心自己？

因为我们的眼睛向外长，只会向外看，却不知道内观。
我们用观察法来试图了解外界的事物，
却不能反求诸己，真正体验我们身心之内的实相。
我们善于解决外在的问题，
对自己的内心，却好像一点儿办法都没有。
我们认为所有的烦恼，都是外来的。
我们不明白烦恼的根源，
其实就藏在自己的内心深处。

烦恼源自内心深处，是真的吗？

儒家主张"毋自欺"，但是并没有告诉我们自欺些什么。
《易经》天人合一的说法对于现代人而言已经愈来愈陌生。
我们几乎成为环境决定论者，
当我们觉得痛苦时，
致力于让自己变换环境，
去寺庙或电影院，上酒吧或唱KTV，
企求通过转移注意力的方式来减少自己的痛苦。
殊不知短暂的遗忘并不能把痛苦驱离。
这些痛苦，仍将一次又一次地迸发，
最后终于把自己击垮。

这和"天人合一"有什么关系？

"天"代表自然法则，"人"则是我们的心。
当我们的心生起妄念，也就是产生负面心态时，
自然法则就开始惩罚我们，
使我们觉得痛苦、烦恼和不安；
当我们心中产生纯净的念头，也就是产生正面心态时，
自然法则便开始回报我们，使我们充满了爱与慈悲，
因而觉得安详、和谐与快乐。
这种天人关系，和种族、宗教、职业、阶级都没有关系，
可以说是一视同仁的，
只是我们不重视，所以才会感觉不到。

一切都是由自己的心所引起吗？

释迦牟尼佛祖在悟道时说：
"奇哉！奇哉！一切众生，皆具如来智慧德相，
但因妄想执着，不能证得。若离妄想，一切智，自然智，即得现前。"
人人原本都有智慧德相，可以不欺骗自己，
却由于妄想执着，成为妄心，也就是无明。
我们所说的业障、习气、烦恼，都来自妄心。
自己骗自己，叫作无明，徒然幻生起不明的感觉，那就是迷糊。

这种说法，是不是唯心论呢？

《易经》告诉我们：
太极生两仪，阴阳是不可分的。

心物合在一起，称为太极。
分开来看，有心也有物，
然而心中有物，物中也有心，
两者是合一的，不可分离。
人心是肉长的，肉当然是物。
由此可见：心和物是离不开的。
传说当年慧可自断手臂以表示诚心，
也是用可见的物，来显示看不见的心。
不能说这是唯心论，因为心离不开物。

静坐就是静止吗？

当然不是。
坐着，就是开始不忙其他的事，要开始做自己，这才叫禅坐。
"止"是静止，安静地坐着，但是心要在。
如果心不在，那就不算是禅坐。
心在不在，自己最明白；心妄不妄，也只有自己最清楚。
当坐下来时，心在做什么？
在观。
观什么？观自己的呼吸。
"止"可以说是专注，而专注的对象，
最简单有效的便是呼吸。

为什么要止观呼吸呢？

我们想要抛掉所有的忧虑和烦恼，
最好的方法，便是不想过去，也不想未来，只想现在。

因为过去和未来都是长远的，想来想去，都是没完没了。
只有现在最为短暂，一刹那就成为过去。
现在有什么可想的？
最单纯的，莫过于自己的呼吸。
呼—吸—呼—吸—呼—吸……
既要缓慢又要细长，还要能够连在一起不中断，
这时还会分心去想别的吗？

呼吸顺了心就静了？

人是习惯的动物，
刚开始观呼吸时，不一定会静下心来。
往往数几下，就分心了，
想到其他的事情，忘记了呼吸。
这时我们不必着急，更不要给自己压力。
先坐一分钟，不要一开始就要求自己坐多久。
一分钟就够了，因为好的开始，是成功的一半。
只要一分钟坐得下来，然后再一分钟，又一分钟。
习惯成自然，就可以随时止观了。

练习呼吸一定要坐着吗？

行、住、坐、卧，随时都可以练习呼吸。
我们都知道，空气、水和食物，是生活的三大要件。
可惜我们的想法是空气和水取之不竭、用之不尽，
操心做什么？
反而把自己的注意力集中在食物上面。

现代人对水已经愈来愈重视，
倘若能兼顾空气，岂不是更好？
所以呼吸、呼吸，对于我们来说，
时时可行，也处处都要留意。

禅坐的目的是什么？

我们的身体，实际上是一个含有神秘力量的电池。
可惜大多数人，都不知道如何适当地运用这种力量，
以致身体逐渐腐朽终至枯萎凋谢，
或者由于不当使用而受到损伤。
禅坐的目的，是内观自己的内心，认识自己的本性，
以期真正了解生命的意义，从中获得无比的满足，
当然没有任何忧虑、苦恼的疑云。

坐禅还需要公案吗？

当然需要。
公案和坐禅，是禅的一体两面，
光坐禅而不参公案，很难训练我们内心达到悟的境地；
只参公案而不坐禅，也不能了解公案的深刻精神。
我们可以这样说：如果公案是眼睛，坐禅便是双脚。
眼睛和双脚必须密切配合，才能修禅，也才有机会开悟。

为什么要开悟呢？

因为我们这一辈子生而为人，主要目的即在开悟。
明白我们此生所为何来，
怎样才能完成这一生的任务，
怎样才能做得更好；
但是，我们在一出生时，就被陌生的环境迷惑了，
以致原本知道的，也全忘光了，
这就是人生而蒙昧，必须有效加以启蒙的现实状况。
人人都这样，谁也避免不了。

真的能够开悟吗？

理论上是真的，实际上却不一定。
要看自己的努力和缘分，并不是今生今世所能够完全掌控的。
孔子主张"尽人事以听天命"，
便是因为"尽人事"是我们可以掌握的部分，
我想要仁，仁就来了。
至于能不能开悟、彻底了解人生，那就要看天命如何，
并非我们这一生能够完全掌控的。

天命不是由我们自己来定吗？

是的。
天命是每一个人自己先天所制定下来的人生规划，
相当于先天的一生计划书。
但是后天的认识，往往只限于这一生、这一世，

对于出生以前的情况，既难以了解，也不敢完全相信，
所以只用这一生所知道的情况，
要来了解自己这一生的天命，实在有困难。
也就是因为有这种具体的局限存在着，
所以我们才需要开悟，以期明白自己独特的天命。

每一个人的天命都不相同吗？

人的天命，有相同的部分，也有不同的部分，可以说是大同小异。
"大同"指人的共性，大家都一样；
"小异"的部分，则称为个别差异，
也就是各人有不相同的个性。
"人同此心，心同此理"，说的是共性；
"人心不同，各如其面"，那就是个性。

开悟的是哪一部分呢？

共性和个性，都需要开悟。
因为只要有一部分执迷不悟，
就不能见性，亦即不能看清自己的本来面目。
佛家希望我们张开第三只眼睛，便是提醒我们：
这两只眼睛所看见的，并不是真的，
只不过是"眼见为真"而已，
根本是虚的，不可能是实的。

为什么说"眼见为真"呢?

依据一阴一阳之谓道,
"眼见为真"的意思,应该是:原本不是真的,
但是我们没有办法看到真的,不得已才把它当作真的。
"眼"这个字,由"目"和"艮"组合而成。
"艮"是止,"目"为眼,
象征眼睛所见是有限制的,仅止于一小部分,
这是现代科学已经证明的事实。

为什么眼睛所见并不是真的?

当我们看见太阳出来的时候,
有些人会自然而然地喊出"太阳出来了"的欢呼声;
但是,科学告诉我们:
其实这是地球自西向东自转的结果。
所以应该说:
"我们的地球转过来了,又看到太阳了。"
我们明明看见太阳出来了,却不是真实的,
只能够眼见为真,其实这也是不得已的。

怪不得没有腿的人还会腿疼。

把腿截掉了,有时还会觉得腿在疼痛,
这是原本有腿,所以曾有腿疼的经验,
后来把腿截掉,却仍保留了疼痛的感觉。

倘若生来就缺一条腿，这一条空的腿，便不会有痛觉。
用手去抓痒，就成为隔空抓痒。
可见腿疼并不在于腿，手痒也不在于手。

那痛到底在哪里呢？

在"我"啊！
是"我"在痛，而不是身体在痛。
当我们视而不见、听而不闻的时候，应该可以体验到，
"我"原本也有两个部分：一为真我或本我；
一为我的身体，好像是真我或本我的工具，但并不是我。
"我"也是一阴一阳，
一阴为"真我"，一阳不过是"义我"。

为什么身体称为"义我"？

当一个人必须截肢时，通常会在截肢之后，装上一具义肢。
义肢可以使用，却不是本来的手脚。
灵魂是真我或本我，既看不见又动弹不得，
必须通过手脚，才能有所行动。
因此我们常误认为身体即是"本我"，
却不明白，原来身体不过是"义我"，
可以使用，却不是本我。

我们和自然环境有什么关系？

我们是大自然的一分子，
但是，我们的灵魂，却被身体团团包围起来，
看不到外界和实物，
只能够凭着感觉神经，对外界的现象做出反应，
物的真正面目我们无法看见。
由此可以推知，
我们的本来面目，我们自己也看不清楚。
知人难，知己尤其困难，便是明证。

我们真的有第三只眼睛吗？

当然是真的，而且第三只眼睛还有名字，叫作"慧眼"。
我们常说"慧眼识英雄"，
便是能够识别真才实学的意思。
佛家认为看得见过去和未来的，称为慧眼。
《无量佛经》指出："慧眼见真，能度彼岸。"
有一天倘能以智慧剑斩烦恼贼，那就是开了第三只眼。
两只看得见的眼睛，其实是阴的，经常看得模模糊糊。
而第三只眼睛，才是阳的，能够看得清楚明白。
可惜大多数人，都无法打开这第三只眼。

灵魂做些什么事情呢？

我们只看到身体手足在做事，却看不到灵魂在做事。
因此认为只有身体才能做事，灵魂似乎毫无作用。

实际上，身体手足会做事，是接受了灵魂的命令。
动植物的本能，由天（自然）控制，
就好像禽兽的所有行动，完全是受到本能的驱使。
只有人的动作，是由"我"（灵魂）主宰。
这就是"人为万物之灵"的具体证明。

灵魂可以自由发出命令吗？

当然不能，
灵魂和自然是相通的，叫作天人合一。
灵魂要发布命令，必须合乎自然规律。
换句话说：
符合天道的命令，必然是善的、正的，能够使人心安的；
不符合天道的命令，是恶的、邪的，使自己心不安的。
通常的情况，是灵魂遵守天道，而身体却不尊重人道。
也就是"本我"很纯正善良，
但是"义我"经常为非作歹。

身体为什么擅自做主呢？

擅自做主，就是不守本分。
身体既然是"义我"，原本应该服从"本我"的命令，叫作"守本分"；
但是身体的动作，愈来愈灵活，竟然以为可以不待灵魂下达命令，
便习惯成自然地立即做出反应。
殊不知若时空改变，灵魂就会发出不一样的命令，
以致七做八错。
若能知过必改，还算是好的。

倘若恼羞成怒，愈来愈专横，把灵魂置之不理，
好像没有灵魂似的，那就是着魔了。

这时候要怎么办呢？

由于忠言逆耳，
所以理论上可以劝导、警告甚至刑罚，
但是效果并不显著。
太多的人，拿自己的身体没有办法，
表现出理智控制不了感情，行为不合规矩的现象。
说也不听，劝也没有用。
倘若不怕死，刑罚根本不能奏效。
这时候禅就成为良好的提醒方式，
点他一下，很可能会有意想不到的效果。

能不能举一个例子？

梁武帝听说善慧菩萨是一位出色的禅师，特地请他来讲《金刚经》。
善慧登台后，只拍了一下惊堂木，便走下台来，武帝感觉莫名其妙。
善慧问武帝："你了解吗？"
武帝回答："完全不了解。"
善慧却说："我已经讲完了。"
善慧的意思是道不可说，要自己去悟。
但是对武帝不适宜这样直说，这才委婉地点他一下。
当年达摩直截了当地说武帝毫无功德，
应该是善慧的前车之鉴。

能再举一个例子吗？

还有一次，善慧正在讲经，梁武帝来了，
听的人都站起来，只有善慧坐着不动。
有人对善慧说："君王驾临，你为什么不站起来？"
善慧回答："法地若动，一切不安。"
他这样做，用现代话来说，便是维护人格平等。
一般僧人，口中常念众生平等，在君王面前却自甘于不平等，
如此一来，岂不是害了君王，让他一辈子不能悟道吗？

还能举一个例子吗？

善慧菩萨穿着和尚的袈裟、道士的帽子、儒生的鞋子，
前去朝见梁武帝。
武帝觉得这样的打扮，近乎奇装异服，
于是问他："你是和尚吗？"善慧指一指帽子。
武帝又问："你是道士吗？"善慧指一指鞋子。
武帝最后问："你是方内之人了？"善慧指一指袈裟。
善慧这样做，用意在提醒武帝：
将儒、道、释融合为一家，才能一以贯之。

平常人点得醒吗？

不一定，
有人点得醒，就有人点不醒。
我们只管点，醒不醒由他。
有一个人，对自己是私生子一事耿耿于怀，常常弄得自己很不开心。

他的朋友问："当你不是私生子之前，是谁？"
这个人听了，当下没有反应，
但是不久之后，忽然打电话给那位点他的朋友，
说："我就是我，我就是我！"

点不醒怎么办？

《易经》说："自天佑之，吉无不利。"
求天求神是没有用的，求他人也是徒劳无功。
我们必须明白：自求多福，才是正道。
因为上天诸神只保佑自己努力的人，得道多助、天助自助呀！
人只有靠自己，才能改变自己。
"悟"是"吾"加上"心"，
别人只能点。
至于醒不醒，必须靠自己。

对偷窃的人，也可以点吗？

有一个人偷东西，主人并不在意。
不久，这人又偷了东西。
众人十分愤怒，要求主人把他赶走，否则大家都要离去。
主人当着所有人的面说：
"你们都是聪明的道友，知道什么是对的，什么是错的。
所以，如果你们愿意离开这里，到别的地方去，我都同意。
只有这位可怜的道友，甚至连是非、对错也分不清楚。
如果我不教他，谁愿意教他呢？"

即使你们全都离去，我也愿意留他在这里。"
偷东西的人泪流满面，从此痛改前非。

为什么称为道友呢？

儒、道、释三家都讲道，
是不是因为《易经》讲的是"一阴一阳之谓道"，我们真的不知道。
但是，"道"就是路。
人不能没有路走，再怎么样也要找到自己的路，所以才有"盗亦有道"。
无论行什么道，都离不开人生大道。
中华民族十分重视做人处世之道，代表着我们的人生观和宇宙观，
因此互称为同道、道友，是十分普遍的情况。

中华民族为什么和道的关系如此密切？

因为《易经》，使我们明白天底下所有的事物，
都离不开"一阴一阳之谓道"。
有看得见的，便有看不见的。
我们知道：我是人，然而这个人（身体）并不是我。
我在求知，并非我的身体在求知。
我是万物中的那个灵，所以应该要和万物有所区隔。
人为万物之灵，具有天赋的明德，也就是人性，
不能够被湮没、扭曲。
务必彰显人道，才是人生的意义，
所以炎黄子孙和道的关系至为密切。

为什么我们这么重视道呢？

中华文化最重视的之一便是道。
它构建了我们的人生观，告诉我们为人处世的道理，
还隐隐约约地指引出我们的宇宙观。
《礼记·礼运》说得十分明白："大道之行也，天下为公。"
大道的运行，各自不同，
然而都是为了公共大众。
宇宙万物，都依循着各自的路线进行着，
看起来各为其私，实际上全都为公。

禅的道是什么？

禅没有固定的教义，没有严格的教条，没有必读的《圣经》，
也没有上帝来保证我们最终能够得救。
禅道的要旨，在促使我们高度自觉，因而获得内心的平和，
我们把它称为生活智慧，实际上就是《易经》的智慧。
因为我们长久以来，已经成为《易经》的民族。
我们的生活，已经离不开《易经》的范畴。

禅修的第一步是什么？

我们常说：不要烦恼。意思是不要劳烦我们的脑。
现代人却刚好相反，时时烦脑、事事烦脑。
禅修的第一步，便是不要烦脑，面对话语，却不去思考它。
把平常采用二分法的思维习惯逐渐消减，改用三分法思维。
如此一来才能抛弃假的，而把握到真的。

现代人大多喜欢是非分明，常自不量力地掉入自以为是的陷阱。
要开悟非常不容易，这也是一种自作自受啊！

禅师具有慧眼吗？

你看，这就是二分法思维。
谁知道有没有？通常是有时候有，有时候却没有；
对张三有，对李四没有，怎么能够说有或没有呢？
我们不必问禅师有没有慧眼，
也不能张开眼睛，去选择有慧眼的禅师。
许多人在这种心态下，误了自己一生，还执迷不悟，
认为自己没有开悟，是因为找不到高明的禅师，
乏人指点，运气真的很不好。
像这种自欺的人，实在是非常可怜。

那该怎么办呢？

禅师是可遇不可求的，这才叫机缘。
大凡机缘成熟，人人都是独具慧眼的禅师。
倘若机缘不成熟，怎么找都找不到，那又何必强求？
我们所要做的，是充实自己，伺机待时，还要少安勿躁。
必须培养出高度的警觉性：
每一个人，都有不同的禅师，忽隐忽现，时来时往。
我们最好能抱持这样的心态：
人人都是禅师，句句都是禅语，而件件也都是公案。

开悟不开悟，全看自己？

那是当然。
禅的目的，在于促使我们直见本性。
什么时候，做什么事，在什么情况，遇到什么人，
能不能开悟，谁也不知道。
特别是现代社会，有太多东西引诱我们远离自己，
根本无法返回真实的本我。
很多现代人，能动不能静，又喜欢自认为高明，
以为自己有能力选择禅师，实在很难开悟。

原来"看自己"便是"看到真实的自己"？

对呀，话语原本十分明白清楚。
看看你自己，就是看看能不能找到真实的自己。
偏偏有很多人，要把这么清楚明白的话，
解释得自认为十分玄妙，让大家反而听不懂。
人类在许多方面，都是在开倒车，却愚昧得无法看清。

"充实自己"是不是"充实自己的知识"？

当然不是。
特别是现代知识，大多是西式的，
重视思维、推理和空洞的理论。
对于我们来说，那种过分重视大脑而牺牲意识的其他部分，
实在是开悟的最大阻碍。
禅宗主张不立文字，即在提醒我们：

要重视悟的境界，
而不是把注意力放在描述这种境界的文字上面。

难怪知识愈发达，开悟的人愈少。

放眼看人群社会，开悟的人被当作怪人，
就表示这个社会真的很少有开悟的人了。
现代的知识，喜欢叫我们向外面看，
即使看得眼花缭乱，即使熟悉各种知识，也还是难以开悟。
我们最好学习佛陀的亲身体验：
向里面看，原来自己就是佛。
其实孔子也不断要我们反求诸己。
可见凡是向里面看的，才能成佛成圣。

难怪老子说"为道日损"？

确实如此。
为学日益，向外求取的知识，
顶多让我们有勇气穿西装打领带，出席各种会议侃侃而谈，
处理各种事务时自信满满却效果不佳，实在令人纳闷儿不解。
炎黄子孙喜欢问道、求道、悟道、行道，
通过冥想或体验，领悟到事物的整体，
逐渐减少妄为、乱为，以及自以为是的作为。
不但自己省悟，也可以减少消费他人的资源。

禅师论道有什么目的？

禅师论道，主要在检验自己的悟性，
并没有真理愈辩愈明的功能。
不存心让别人难堪，也不设法炫耀自己。
通过锋利的话语，来直探自己的本我。
什么时候能够不经大脑的思虑和推理，
便立刻洞见自性，那就近乎开悟了。
其实，各人有各自的机缘，急也没有用。
辩赢了也是白忙一场，何必咄咄逼人，自认高人一等呢？

请再举个例子。

马祖是四川人，十二岁出家当和尚，后来到南岳学坐禅。
住持问他："你学坐禅，为的是什么？"
马祖回答："要成佛。"
住持拿一块砖头，在马祖面前磨。
马祖问："你磨砖做什么？"
住持回答："磨砖做镜。"
马祖问："磨砖怎么能做镜呢？"
住持说："磨砖不能做镜，坐禅又岂能成佛？"
马祖问："那要怎样才能成佛呢？"
住持说："牛拉车子，倘若车子不动了，请问你是打车呢，还是打牛？"

后来怎么样？

住持看马祖答不出来，

这才接着说:"请问你是学坐禅,还是学做佛?
如果学坐禅,并不在于坐卧。
如果学做佛,并没有一定的状态。
法是无住的,我们求法也不应该有取舍的执着。
你如果学做佛,就等于扼杀了佛。
你若是执着于坐禅,便永远不见大道。"

如果还是听不懂,怎么办?

用不着说出来,自己心中有数,再伺机待时,
这样不就好了?
有话就说,加上有话直说,表示口无遮拦,并非开悟。
听不懂,听不懂,还是听不懂,
忽然间懂了,才叫顿悟,其实也是渐悟。
听懂了,又似乎不懂。
说不懂,又好像懂,这才有趣。
完全懂了,把人做完了。
成为完人,岂不是准备回去了?

怎么知道自己开悟了没有?

又来了!
开悟,没有开悟,是一回事,不是两回事。
基本上,人只要活着,便没有完全开悟。
要不然,为什么活到老要学到老呢?
人活着,就会面临各种变化,就有事情做。

自己认为开悟了，只是给别人多了一个笑话。

"悟"字表示"吾心"，只能够在心中盘算，不应该说出来。

开悟的人：心若有邪，立即变成没有开悟。

这是大自然最为严苛的规律，谁都不例外。

怎么谈禅呢？

禅是不能谈的，一谈就变成口头禅，

好比现代的搞笑，害人也害己。

德山禅师执行得最为严格，一开口就打。

"道得"也三十棒，"道不得"也三十棒。

过去，我们的父亲、师长，也常常奉行这种规定，开口就是当头棒喝。

现代人可没有这种胆量，欧美更立法禁止，禅要怎么谈呢？

然而，禅又是不能不谈的，真的是两难，

不过这样也合乎"一阴一阳之谓道"的原则。

"是非分明"的人很难开悟？

这是当然，不过"是非不明"的人更难开悟。

"二分法"思维使我们脑筋僵化，

非A即B，不是对便是错，当然不可能开悟。

整天糊里糊涂，既不想分辨是非，

也没有能力分辨是非，有什么本事能够开悟？

开悟的先决条件是"三分法"思维，也就是《易经》的思维。

"三"代表天、地、人三才俱备，是整全的意思，

合起来想，而不分开来看，比较容易看出自性。

什么叫作"三分法"思维？

人家说什么，我都相信；人家说什么，我都不相信。
上述两句话，看似有所不同，实际上完全一样，称为"一分法"思维。
没有选择，照单全收，怎么能够开悟？
人家说什么，我必须经过思虑、分辨、研究、判断，
然后才决定相信或不相信，这是"二分法"思维，
也是近几百年来，西方极力向全世界推广的方法。
听起来很好，实际上却害人无数。
而"三分法"思维，则是不管人家怎么说，
我既不会相信，也不会不相信，
反正一切看着办，到时候再说。

为什么"是非分明"不好呢？

这不是"好不好"的问题，
否则又会掉入"二分法"的陷阱里。
探究好又怎么样？不好又怎么样？这才符合实际的需要。
我们的认知能力十分有限，
科学愈发达，愈发现我们知道得太少，还有很多不知道的东西。
我们的选择能力太差劲，
经常把"早知道"这句话挂在嘴边，
后悔当时并不知道，所以才选错了。
我们的判断能力实在很糟糕，
现在认为对的，过些时候才发现原来并不对。
把好人看成坏人，却将坏人当作好人看待。

这样的人，怎么有资格、有能力做到是非分明呢？
不过是欺骗自己而已！

那是不是"不明是非"才好呢？

不明是非、是非不明，
大家都厌恶，任谁也不喜欢。
做人做事，明白是非是必要的基础，
只要是非不明，基础已经不稳固，
再开悟也没有用，何况根本开不了悟！
我们非常讨厌"不明是非"的人，却也不欢迎"是非分明"的人。
很多人想不通，因为被"二分法"思维绑死了脑筋，
以致转不过来，忘记了我们还有第三条路可走。

什么是第三条路呢？

"慎断是非"便是第三条路——
站在不容易"是非分明"，又讨厌"是非不明"的立场来慎断是非。
由于时时都可能出现变数，
因此是非的判断，也常常有所调整，
以至于看不明白的人，反而觉得摇摆不定，似乎没有足够的信心。
现代人要自信而忽略自性，便是深受"二分法"思维的束缚，
看不懂"三分法"思维的灵活性，才产生这样的误解。
这又是一种把不对的看成对、把好的反而看成不好的实例。

原来会打会骂的，才是好禅师？

这种"一分法"思维，使得很多人滥用打骂，
造成很大的伤害，这才引起众人的反对，
甚至对打骂丧失信心，要靠立法来加以禁止。
"会打会骂"和"不会打不会骂"是一样的，没有什么不同。
因为关键在"会"，而不在"打骂"。
什么叫作"会"？就是适时、适地、适人、适量，
也就是打骂得合理，能产生良好效果，才叫作"会"。
可见同样一句话，要看怎样解释，才方便判明是非。

禅是不是激起我们的潜意识？

说下意识、潜意识或者超意识，其实都不妥当。
禅所要达成的任务，是直达我心的深处，
因为那才是自性的所在。
我们心中，有许多超越相对形成的意识，
不管叫它什么，都不是整全的，只是部分的。
然而我们的心，是一个看不见的整体，不能分割，
以免弄得支离破碎。
就像现代的知识分子，各有专业才能，
却难以整合，找不到共识。

禅师们难道不是各说各的？

太对了！
往往一位禅师这样说，另一位禅师就会那样说。

目的在启发我们：嘴巴只有一个，而道理却是多面相的。
我们在同一时间，顶多只能说出片面的道理，
无法兼顾其他的方面。
禅师们各说各话，我们才有机会听到整全的东西。
倘若只听一面之词，就会轻忽了其他各方面，
我们说"同流合污"，可见并非良策。

那么公案也不能用了？

公案好比一条船，可以把我们度到彼岸。
我们登上船，顺利到达彼岸之后，
为什么还要把那一条船背在自己的肩膀上，徒然增加自己的负担呢？
把船丢弃，并不是浪费，而是舍得让别人使用，
有肚量，也有修养。至于是不是功德，可别这样想。
因为不想还好，一想就觉得很不开心，
怎么没有感恩图报呢？至少也应该道声谢呀——
这样的想法，岂不是自寻烦恼！

要不要用心呢？

有一位禅师，他写字时，喜欢问弟子他写得怎么样。
有一次，一位胆大的弟子陪同他写字。
这位弟子准备了一大桶墨水，也很用心地批评老师的作品。
第一遍写完，弟子说："不好。"
第二遍写完，弟子说："比第一遍还坏。"
连续写了八十四遍，弟子都说不好。
后来，弟子出去端茶水，禅师松了一口气，心想：

终于有机会逃避弟子那敏锐而毫不客气的目光了。
于是，禅师完全不把弟子放在心上，一挥而成。
弟子端着茶水回来，大声叫好："真是杰作！"

这样是用心还是不用心呢？

现代人果真很难逃脱"二分法"思维的禁锢。
用心和不用心，不过是程度上有所差异，
为什么一定要硬性加以区隔，好像非对立不可？
用心写字，实际上已经不用心。
至少不能完全用在写字上面，已经分心到要弟子叫好上面。
用心要弟子叫好，也分心在写字上面，
这种情况，到底是用心还是不用心，实在很难讲。
其实炎黄子孙在回答问题之前，
经常会把"很难讲"三个字挂在前面，就是一种高度智慧的表现。

达摩只留下一部著作吗？

老子一部《道德经》，
就足够后世子孙甚至外国人士忙上好几千年。
达摩只留下一部《四行观》，也已经足够我们深究多时了。
达摩这本书最大的特色在于理法合一，把抽象和具体打成一片，
这是《易经》的精神，
使达摩能更加灵活，犹如生龙活虎般，
把儒、道、释融合在一起，站在一以贯之的太极立场，
如此的一部经典著作，就够我们用了。

安心法门

人的基本要求之一是心安理得。心安与否，是一种状态，必须依附于某一事物，才能具体落实，于是道理便成为大家普遍依附的目标，中华民族更是如此。

我们喜欢讲道理，也擅长说道理；但是，无论什么人，想和我们讲道理，恐怕都是世界上非常困难的事情。因为我们大多数人，只相信自己的道理，很不容易相信别人说的道理。

那要怎么沟通呢？

现代人受西方的影响，喜欢双向沟通。
殊不知我们大多习惯于：
既然你要我说，我就采取"你说东来我偏说西"的方式，
看你怎么办。
试试看对方是不是真的胸襟广阔，有心听取我的意见。
而听的人，口头上客气地说"承蒙指教"，
内心却惊奇地发现"原来有二心，跟我不同调"。
结果如何，可想而知。

结果怎么样呢？

结果大家很不愉快，彼此的互信受到很大的伤害。
我们是讲求伦理的民族，大家一见面，先分大小。
因为我们不能接受没大没小的人，没有规矩地乱说话。
顶头上司在场，除非他叫你说，否则谁愿意开口？
加上他要你说，你应该知道他要你说什么、怎么说。
如果连这个都不懂，恐怕后果就很麻烦。

现代人不是已经不吃这老一套了？

现代人并非不吃这老一套，
而是有太多的人，不懂得规矩，
更不明白遵守规矩的好处。
大家心里感觉怪怪的，却又说不出道理来。
那些教大家沟通的人，不过是西方文化的代言人，

把西方那一套文化，搬进来叫卖。
既然是卖人家的东西，当然要卖瓜的说瓜甜，
管它合不合乎自己的风土人情，
也不知道会害死多少人。
就这样误己害人，还自认为对现代化有很大贡献。

难道我们是单向沟通？

当然。
只不过我们的单向，
并不是固定的上对下或者下对上。
我们是《易经》里的民族，深谙沟通的艺术。
应该上对下时，就要上对下；必须下对上时，那就下对上。
通常我们在大家看得见时，会采取上对下的方式，
所以看不懂的人，老觉得我们只有上对下，似乎很专制。
实际上，当大家看不见时，
我们也会通过下对上的方式进行沟通，
大家好好商量、重视民意，如此才能得天下。

沟通的原则是什么？

"看情势而定"应该是不易的定律。
情势有利的人，何必先开口？
乐得清闲，装作不知道最好，免惹闲事。
情势不利的人，敢不开口？
形势比人强，这时候双方心知肚明，
由情势不利的人，小心翼翼地先开口说话。

而情势有利的人，则是斟酌当时的情况，做出合理的回应。
接下来再看第二回合该如何进行。

这不是玩《孙子兵法》吗？

那当然。
要不然，我们为什么说"家家有兵书，户户观世音"呢？
害人之心不可有，防人之心不可无，
这不是"一阴一阳之谓道"吗？
《孙子兵法》如果只用在战争，岂不是太小看了它的效用？
我们的道理是通的，
岳飞当年感慨："运用之妙，存乎一心。"
很妙，岳飞什么都好，就是自己莫名其妙。
我们并无不敬之心，只是提醒大家：
人人都有罩门，
会不知不觉说出来，而自己却听不明白。

什么是"罩门"？

"罩门"好比人生道路上的关卡，每一关都是一个罩门。
一年有二十四个节气，
过得去值得恭喜，因此形成过节的习俗；
万一过不去，那就成为劫难。
遇劫了，过不去了，也就回去了。
名、利、权、势是四大关卡，
同样过得去大家恭喜，过不去就倒霉。

什么关卡最难过？

我们不是说"年年难过年年过"吗？
这告诉大家难过的年才好过。
反过来说：好过的年就不好过了。为什么呢？
因为容易阴沟里翻船，造成"大意失荆州"的惨剧。
《易经》不断提示我们：
人活着，就必须保持高度的警觉性，也就是拥有深度的怀疑心。
步步为营，小心翼翼，这才是生活的智慧。

听起来很有禅味。

这就对了。
《易经》形成我们共同的文化基因，
融合出我们常说的成语或通俗的谚语。
禅自六祖以后，普及社会大众，化成我们的生活智慧，
随时随地，表现在我们的日常生活当中。
只要警觉性够高，怀疑心够重，
经常可以听出很多妙不可言的警语。

孔子倡导"安人"，能不能如愿以偿？

儒家的柔术，是我们生存的要诀。
为人处世，向孔子学习，应该会有很大的启发。
即使孔子"七十而从心所欲"，
下面仍然要加上"不逾矩"的字眼。
然而一个人太认真了，不懂得变通，

在现代这种不重视人格只看重位格的管理气氛里，很容易累死。
想要己安人亦安，恐怕还需要道、佛两家的配套，更为安全。

道家对现代人有何助益？

现代人既现实又忙碌，加上盲目追求精确和绩效，
弄得疲乏不堪，还要强打精神。
造成前三十年拿命换钱，后三十年拿钱换命的莫大隐患。
倘若不能及早反省，自我救治，实在是非常可怜。
道家的贵身、养身、健身，
至少可以在保生方面，提供很多的指导，
使我们既有儒家的求生术，也有道家的保生妙法，
如此一来将更为心安。

信佛是迷信吗？

当然不是。
然而有些人要迷信，也就是信到着迷的地步，
我们也拿他没办法。
"佛"字"人"旁，表示原本就是人。
"弗"的意思是"不"——
不是一般的人，所以才叫作"佛"。
一般人口头上说自觉，
却始终不能觉悟，所以不是佛。
梵语的佛，是佛陀的简称，
翻译成中文，应当是"觉者"，也就是觉行圆满的大圣人。
我们拜祖先、拜圣人，当然也可以拜佛。

但是，无论拜什么，拜到差不多就好，便不会迷信。
再下去，很可能会着迷，
要特别谨慎，多加小心。

"差不多"不是最糟糕的吗？

"差不多"的意思，是不能差太多，
不幸被扭曲成差太多。
这才使大家敢做而不敢言，自己骗自己。
差太多就是差太多，为什么要说差不多？
差不多当然是不能差太多，否则凭什么说差不多？
像这种简单明白的道理，早已深入人心，
百姓都能够日用而不知，十分自然，
偏偏有人加以曲解，
不论有意或无意，终究造成了很大的遗憾。

开悟也只能差不多吗？

完全开悟，还需要做人吗？
人生在世，实际上就是为了开悟。
通过各种活动，无非为了这一桩大事。
倘若做完了，便成为完人，可以回去了。
人活着，就会面临不同的变化。
原本以为开悟的，又悟到原来还有一些障碍，
这是人生最大的乐趣。
差不多，差不多，还差那么一点点，
剩下的岁月，才有事可以做，多么愉快！

为什么有人执迷不悟呢？

完全执迷不悟的人，我们称之为"至死不悟"。
万一死了才悟，岂不是悲伤至极：
这一生白活了，枉费来这么一遭。
可见完全不悟，并没有什么不好。
反正没有感觉，日子也很好混。
我们最害怕的，是忽然悟了，觉得对不起自己，也害了很多人。
所以早悟早好，才成为大家共同努力的目标。
说起开悟，大家都很有兴趣；
禅宗的当头棒喝，大家也大多乐于接受，
对自己有莫大的帮助，为什么不接受呢？

真的能够开悟吗？

不知道。热衷于开悟，原本就是贪婪。
开了不喜，不开也不忧，唯有抱持这样的精神，才能"乐生"。
我们活在世间，是为了享受开悟的过程，
并不是为了追求开悟的结果。
六祖惠能于712年，宣布自己将不久于人世时，
弟子们都放声大哭，只有神会默然不语，也不哭泣。
惠能说："只有神会一人超越了善恶的观念，
达到毁誉不动、哀乐不生的境界。"
开悟的人，根本就没有开始，也没有终了，
只剩下开悟的过程罢了。

六祖死时说了什么？

当时六祖七十六岁，在新州国恩寺向弟子说：
"我很清楚自己究竟要到哪里去。如果我对自己的死一无所知，
我又如何能预先告诉你们？你们之所以哭泣，
是因为不知道我死后往哪里去。如果知道了，便不会哭泣。"
接着，六祖又告诉大家，法性是不会生灭的。

什么叫作"法性"？

我们已经知道，"法"是指一切事物。
不论大小，有形或无形，全都是"法"。
"法性"便是诸法的本性，
所有事物的本性，都叫作"法性"。
在有情方面，称为"佛性"；在无情方面，叫作"法性"。
佛家常说的实相、真如、法界、涅槃，都是"法性"。

真的不可能永生？

生理方面，自古以来没有例外，有生必有死。
秦始皇、汉武帝想尽办法，仍然无济于事。
然而精神方面，的确可以永生。
古圣先贤提供"立功、立德、立言"三不朽的法宝，
只要三者有其一，即能永生。
什么叫永生？
答案是永远地存活在他人心中，而不是永久地不死亡。
灵魂不死，这是属于个人的机密。

是真是假，科学迄今尚无法证明。
然而精神长存，则是史上多有明证。
史可法、林则徐，离现代比较近；
唐太宗、李白、杜甫、岳飞则比较远一些。

如何看待岳飞"运用之妙，存乎一心"？

岳飞是南宋时代的英雄，毕生忠勇，务求"还我河山"，
然而岳飞一生不论担任文官还是武将，
皆以"文臣不爱钱，武臣不惜死"的信念自持自律，
这样的精神一直到现代，都值得大家效法。
我们不过是把他所说的"运用之妙，存乎一心"这句话，
和他的作为相对照，指出他的无奈，绝对不减损他的千古芳名。

为什么说无奈呢？

每一个人生存的环境都不太一样。
家家有本难念的经，人人都会面临一些无可奈何的处境。
这就是我们常说的命，连孔子都没有办法改变，
只好感叹："时也，命也！"
我们在面对无可奈何的命时，并不是毫无办法，
而是必须反求诸己，尽心尽力，尽人事以听天命。
儒、道、释三家，在这方面都十分积极，
中华民族永远自强不息，这就是向天学习的伟大精神。

那不是很辛苦吗？

人生在世，有苦也有乐。
但是乐的时候，总觉得日子过得飞快，
不久就一片空白，好像是空过了。
反而在苦的时候，过得既缓慢又长久，
留下了很多宝贵的回忆。
原来苦和乐，都是大自然用来磨炼、考验我们的机制，
看看我们能不能过苦日子，能不能过快乐的日子。
只有能苦也能乐，才叫作随遇而安。
懂得苦中作乐，是一种了不起的生活艺术。

人生必定要吃苦吗？

"吃得苦中苦，方为人上人。"
大自然用苦来救人，用乐来毁人。
"生于忧患"，表示人的生存，往往出于忧患，
愈磨愈耐磨，适应能力强，比什么都可贵。
"死于安乐"，告诉我们死亡来自安乐。
日子很好过，生活日渐懒散。
身体太舒服，健康就容易出问题。
安乐惯了，稍微受一点儿小苦，便叫苦连天。
生存能力差，谁都救不了。

不是说"生死要置之度外"吗？

"生死置之度外"这句话，
要和"身体发肤受之父母，不敢毁伤"合起来看，
才能体现出"一阴一阳之谓道"。
生死是人生的大事，怎能轻易置之度外？
但是为了正义，为了国家民族的兴亡，
个人的生死又算得了什么？
这时候移孝作忠，当然舍我其谁。
凡事都有"平常"与"非常"的不同情况，
例行是一套，例外时另有一套。
我们常称赞别人："了不起，有两把刷子。"
为什么要两把？
一把刷衣服，一把刷皮鞋，用途各有不同。

什么是道呢？

文偃禅师是浙江嘉兴人，俗姓张。
他资质聪敏，特别善于言辞，后来成为云门宗的祖师。
有人问："什么是道？"
他急切地回答："去。"
意思是自由无碍地去做适合自己的任何事情，
既不要依赖特殊方法，也不必考虑什么后果。
因为每一个人，都必须脚踏实地，克尽自己的责任。
对于开悟的人来说，天是天，地是地，山是山，水是水，
而僧是僧，俗也是俗。

道不是不能说吗？

道有不同的层次，
有可以言说的，也有难以言说的，还有不能言说的。
现代的高速公路，任何人一看，都知道往哪里去，
当然可以言说。
城市道路，对于熟悉的人来说，有时都说不清楚，
何况是那些陌生的旅人？
虽然可以言说，却实在难以言说。
到了乡村，还有一些崎岖的山路，
既没有路名，也没有路标，实在是不能言说。

怎么办呢？

平常心就好。
临济宗的祖师，是山东曹州南华（今山东省菏泽市东明县）人，
俗姓邢，是一位无依道人。
他认为最珍贵的宝贝，在你的身上，那就是你自己，
一旦向外追求，就会失去，
但是向内寻觅，却是多余的。
因为你所寻觅的，不就是你自己？
并不是另有一个能够让你看见的对象。
我们在外面找不到自己，在里面还是找不到自己，
所以他说："无事是贵人，但莫造作，只是平常。"

有什么具体的方法呢？

又来了！
具体就是抽象，抽象也是具体，有什么分别吗？
人生有三个阶段，
首先是："见山是山，见水是水。"似乎很不长进。
第二阶段："见山不是山，见水不是水。"
好像有了专业素养，高人一等。
最后一个阶段还是："见山是山，见水是水。"
因为他所见的，是具体和抽象合一的锦绣山河，叫作"再造的乾坤"，
和以前所看到的那个世界完全不同。

倘若看不出来怎么办？

平常心，守时待命，
看得出来和看不出来，有什么两样？
认为有的，自己要想一想，这叫平常心吗？
认为没有的，恐怕连平常心都丢失了。
临济祖师说：
"若人求佛，是人失佛；若人求道，是人失道；若人求祖，是人失祖。"
我们不妨再加上一句："若人什么都求，就失去所有的东西。"

什么叫"平常心"？

赵州古佛俗姓郝，是山东曹州人，自小出家。
后来到安徽池州拜南泉为师，南泉对他很是推许。

当赵州问南泉什么是道时，南泉的答案便是："平常心是道。"
赵州接着问："有什么方法可以达到？"
南泉说："当你一有'要达到'的念头时，便有所偏差了。"
赵州又问："如果封闭一切意念，我们又如何能见道呢？"
南泉说："道不在于知和不知，也不是外在的是非观念所能约束的。"

达摩的贡献是什么？

儒、道、释三合一，使中华文化得以整合发展。
达摩以外来人的身份，通过旁观者清的优势，
用《易经》中变易、不易、交易所构成的持经达变，
也就是"以不变应万变"的法则，
巧妙地点醒了炎黄子孙，把佛家融入中华文化，
也使得原本各持己见的儒、道两家，悟出二合为一的神妙。

禅有帮助吗？

有人问云门文偃："谁是我自己？"
云门文偃说："游山玩水。"
任何人只要见到自性，
就会超脱那些由无知和贪婪的小我所造成的障碍与恐惧，
因此日日是好日，时时是好时，日夜都快乐。
开悟的人，做什么都不会留下后遗症。

能不能说说寒山和拾得的故事？

那太多了。

有一次，两人同临某山。

寒山说："吾观此地，善人聚集，伫立闻法，却有人两腿僵直，双手冰冷。吾名寒山，看来此地才是真寒山。"

拾得说："有人冰冷，却也有人法喜充满，暖上心头。有冷有热，此地非真寒山。真正寒山者，其地真寒，乃不寒而寒。"

寒山说："是何地也？"

拾得说："有人亏心失义，胆战心惊，不寒而栗。有人不孝无慈，下对上无孝敬，上对下无慈爱，才真正令人寒心彻骨，伤心欲绝。"

接下来呢？

拾得说："天寒还会转暖，心寒千年不化。"

寒山说："确是确是，外面的寒很快过去，冬去春又来。人心的寒，才是不寒而寒，难以解脱。"

拾得说："道宝可破心寒，妙用无穷。可惜知道的人很多，真正会用的人，实在少之又少。"

寒山说："无火而大放光明，可照自性。不动如山，方见寒山心不寒，入宝山而不空返。"

附录

此心安处是吾乡

达摩祖师
大乘入道四行观
张惠臣　书　于北京

达摩祖师
大乘入道四行观
张惠臣书

编注：《达摩祖师大乘入道四行观》经文因年代久远，故有不同版本流传于世。由于本书采用经文与张惠臣书法采用经文的版本不同，因此用字上有少许出入，特此说明。

夫入道多途
要而言之
不出二种
一是理入
二是行入

张惠臣　书　于北京

此心安处是吾乡

理入者謂藉教悟宗深信
含生同一真性但為客塵
妄想所覆不能顯了

理入者
谓借教悟宗
深信含生同一真性
但为客尘妄想所覆
不能显了

张惠臣　书　于北京

若也舍妄归真
凝住壁观
无自无他
凡圣等一
坚住不移
更不随文教
此即与理冥符

张惠臣　书　于北京

此心安处 是吾乡

無有分別寂然無為
名之理入

達摩祖師四行觀
張惠臣書於北京

无有分别
寂然无为
名之理入

张惠臣　书　于北京

行入谓四行
其余诸行
悉入此中
何等四耶
一报冤行
二随缘行
三无所求行
四称法行

张惠臣　书　于北京

此心安处 是吾乡

云何报冤行
谓修道行人
若受苦时
当自念言

张惠臣　书　于北京

我往昔无数劫中

弃本从末

流浪诸有

多起冤憎

违害无限

张惠臣 书 于北京

此心安处 是吾乡

今雖無犯
是我宿殃
惡業果熟
非天非人
所能見與
甘心甘受
都無冤訴

张惠臣　书　于北京

经云
逢苦不忧
何以故
识达故
此心生时
与理相应
体冤进道
故说言报冤行

张惠臣　书　于北京

此心安处 是吾乡

二随缘行者众生无我
并缘业所转苦乐齐受
皆从缘生

二随缘行者
众生无我
并缘业所转
苦乐齐受
皆从缘生

张惠臣　书　于北京

若得胜报荣誉等事
是我过去宿因所感
今方得之
缘尽还无
何喜之有

张惠臣　书　于北京

此心安处是吾乡

得失从缘
心无增减
喜风不动
冥顺于道
是故说言随缘行

张惠臣　书　于北京

三无所求行者
世人常迷
处处贪着
名之为求

张惠臣　书　于北京

此心安处 *是吾乡*

智者悟真
理将俗反
安心无为
形随运转
万有斯空
无所愿乐

张惠臣　书　于北京

功德

黑暗

常相随逐

三界久居

犹如火宅

有身皆苦

谁得而安

张惠臣 书 于北京

此心安处是吾乡

了达此处
故舍诸有
止想无求

张惠臣　书　于北京

经曰

有求皆苦

无求即乐

判知无求

真为道行

故言无所求行

张惠臣　书　于北京

此心安处是吾乡

四称法行者
性净之理
目之为法
张惠臣　书　于北京

此理众相斯空
无染无着
无此无彼

张惠臣　书　于北京

此心安处是吾乡

经曰
法无众生
离众生垢故
法无有我
离我垢故

张惠臣 书 于北京

智者若能信解此理
应当称法而行

张惠臣　书　于北京

法体无悭
身命财
行檀舍施
心无吝惜
脱解三空
不倚不着
但为去垢
称化众生而不取相

张惠臣　书

此为自行
复能利他
亦能庄严菩提之道

张惠臣　书　于北京

此心安处是吾乡

檀施既尔
于五亦然
为除妄想
修行六度
而无所行
是为称法行

张惠臣　书　于北京